现代化工生产与安全技术研究

刘 谦 著

U0253492

北京工业大学出版社

图书在版编目（CIP）数据

现代化工生产与安全技术研究 / 刘谦著 . — 北京：
北京工业大学出版社，2022.12

　　ISBN 978-7-5639-8537-1

　　Ⅰ．①现… Ⅱ．①刘… Ⅲ．①化工生产－安全生产－
研究 Ⅳ．① TQ086

中国版本图书馆 CIP 数据核字（2022）第 249596 号

现代化工生产与安全技术研究
XIANDAI HUAGONG SHENGCHAN YU ANQUAN JISHU YANJIU

著　　者：	刘　谦
责任编辑：	仇智财
封面设计：	知更壹点
出版发行：	北京工业大学出版社
	（北京市朝阳区平乐园 100 号　邮编：100124）
	010-67391722（传真）　bgdcbs@sina.com
经销单位：	全国各地新华书店
承印单位：	北京银宝丰印刷设计有限公司
开　　本：	710 毫米 ×1000 毫米　1/16
印　　张：	6.5
字　　数：	130 千字
版　　次：	2024 年 1 月第 1 版
印　　次：	2024 年 1 月第 1 次印刷
标准书号：	ISBN 978-7-5639-8537-1
定　　价：	72.00 元

版权所有　　翻印必究

（如发现印装质量问题，请寄本社发行部调换 010-67391106）

作者简介

刘谦，男，汉族，四川富顺人。研究生学历，北京理工大学安全管理方向硕士、香港公开大学 MBA 硕士、加拿大魁北克大学 MPM 硕士。中国管理科学研究院学术委员会特约研究员、四川科技职工大学客座教授、高级工程师、注册安全工程师、安全评价师。主要研究方向：安全生产技术和安全评价。

前　　言

　　安全是各个行业中的基础条件，只有保证了生产的安全性，才能够为企业创造更高的经济效益，实现稳步发展。化工生产是一项高风险的过程，由于化工生产具备了高温、高压、低温、低压、真空、腐蚀性、有毒性等一系列的风险过程，其是否安全与人民的生命和财产安全存在必然联系。为了充分地保证化工生产的安全运行，需要严格按照工艺要求进行生产，避免因工作失误而造成重大经济损失和人身事故，同时化工企业在运营的过程中，还需要加强对员工的操作培训，提高他们的防范意识，使其掌握真正的安全技术，从而保障化工生产的安全性，使生产出来的化工产品满足质量标准。

　　全书共六章。第一章为绪论，主要阐述了化工生产与安全、化工生产的特点及危险、化工安全生产的重要性等内容；第二章为化工产品生产与安全技术，主要阐述了典型化工产品生产工艺简介、化工单元操作安全技术、化工设备安装与检修安全技术、防火防爆安全技术、电气安全技术等内容；第三章为化工生产应急避险与现场急救，主要阐述了化工生产应急避险措施及方法、化工事故应急救援与现场处置等内容；第四章为化工生产职业病危害与职业病防治，主要阐述了化工生产职业病危害因素与职业病、化工生产职业病防治主体与防治措施等内容；第五章为化工生产安全管理与化工安全生产责任制，主要阐述了化工生产安全管理概述、化工生产安全管理目标的制定、实施与评价、化工安全生产责任制等内容；第六章为化工园区及其整体风险安全评价，主要阐述了化工园区概述、化工园区整体风险安全评价等内容。

　　作者在撰写本书的过程中，借鉴了许多前人的研究成果，在此表示衷心的感谢！并衷心期待本书在读者的学习生活以及工作实践中结出丰硕的果实。

　　探索知识的道路是永无止境的，本书还存在着许多不足之处，恳请广大读者进行斧正，以便改进和提高。

目　　录

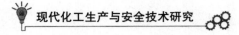

第一章　绪论

安全生产为我国基本国策。近年来国家对安全生产领域内的风险因素保持着高度的警惕，对于保障劳动者生命健康与财产安全，维护社会环境长治久安，促进化工行业健康发展，推动经济持久增长提供重要的保障。本章分为化工生产与安全、化工生产的特点及危险、化工安全生产的重要性三部分。主要包括化工生产与安全相关概念、化工生产的相关特点、化工生产的危险等内容。

第一节　化工生产与安全

一、化工生产与安全相关概念

（一）化工

化工一词延伸开来，主要包括了化学工艺、工业和工程这三个部分。化学工艺是指采用非物理、纯化学的方式改变物质的内在组成结构，合成新物质的技术。化学工艺最初运用于手工作坊，后来随着这类作坊逐渐扩大规模，形成了工厂，再随着整个工厂生态链上下游的逐步建立与完善，形成了一个完整的行业也就是化学工业，而专门研究化学工业生产过程中特殊规律的学科就是化学工程。随着人类对化学世界的探索不断加深，我们掌握并利用的化学规律也越来越多，化工产品与人类的关系也越加紧密，人类发展的文明史也可以说是化工工艺发展的文明史。

（二）安全生产

安全生产是指在企业的生产经营活动中通过采取事故预防的手段与措施来达到保证员工人身安全和健康目的的相关活动。它不仅特指企业所采取的手段与措施，也是企业在生产经营活动中应当奉行的方针、原则和规范要求。安全生产的内涵从广义上来说应当指企业在生产经营过程中，通过保证人员、设备、生产资料与生产工艺的正常和谐运作，确保各个生产环节的风险因素都处于有效可控的状态下，以达到保护员工生命安全和健康目的的一种状态。所以安全生产强调的是为保护劳动者的生命安全和健康，消除或控制各个生产环节中潜藏的风险因素，防止意外事故的发生。自工业革命以来，大机器生产取代了传统手工作坊成为行业主流，在生产过程中安全事故逐渐增多，人们也越加重视安全生产这一概念。因为安全的本质目的是促进生产，生产的必要前提条件是保证安全。通过落实安全生产管理，可以有效促进企业生产环境得到整改，为劳动者的人身安全提供保障，也能减少企业内因人员伤亡等意外事故带来的损失，促进经济效益有效提升。

二、我国化工生产与安全现状

随着我国向着全面建成社会主义现代化强国的第二个百年奋斗目标的不断迈进，安全问题也被放在了一个重要的台面上，人民对于安全生产的重视度也越发强烈，这种重视程度的提高也是一个国家前进发展的重要标志。我国是一个化工发展大国，化工类的物品也是我们日常生活中所必不可少的东西，它改变着我们的生活，但是随着人民物质生活水平的提高，化工类物品供不应求，促使国有和民营化工厂大量出现。

在化工生产过程中，工人要面临一些有毒有害和有腐蚀性物质的原料以及产物，一旦这些有害的危化品因处置不当或者在生产工艺上出现了失误，所发生的事故将直接影响工人的生命和财产安全，在发生事故后其造成的影响范围是不容小视的。所以说安全生产问题在化工生产行业一直都是摆在最前面的首要问题。我国对于此类高危行业的安全问题也制定了一系列的行业标准，如 2008 年发布的《石油化工企业安全管理体系实施导则》（AQ/T 3012—2008），此项标准的建立让我国化工企业的安全生产得到了有效的保障。但根据我国应急管理部的公开资料来看，全国化工生产行业的形势依然不容乐观，化工生产事故偶有发生。化工类企业在近几年的环境资源保护以及职业的安全防护上面都有着相当大的贡献，但是如果要实现化工类企业的安全生产问题，确实还存在种种的问题和困境。

安全管理学认为，生产安全事故的原因在人的不安全行为、物的不安全状态、环境的不安全以及管理的问题。据统计，在可预防的工业事故中，以人的不安全行为为主要原因的事故占事故总数的 88%，以物的不安全状态为主要原因的事故占 10%。我国生产安全事故究其原因主要表现为如下两个方面。

第一，从思想上，生产经营单位及从业人员普遍对安全生产意识淡薄。通常人们总认为事故不会发生在自己身上，万一发生在自己身上也是没有办法的事。思想上的麻痹大意和惰性，甚至是间接故意，不重视安全知识、技能的提升和培训，忽视安全生产设施设备及技术的使用是很多事故发生的原因。

第二，从管理上，事故责任不平衡、赔偿机制不完善。

第二节 化工生产的特点及危险

一、化工生产的相关特点

（一）化工企业的特点

1. 生产工艺的复杂性

化工产品的生产和加工都需要从原料中提取有用物质，在这个过程中，介质必须在高温高压甚至超高温超高压的环境中反应，且反应的过程必须是连续的，从常减压到催化裂化的每个过程都是冗长且复杂的，同时使用的原材料生产过程中的中间产物大部分都是易燃、易爆、有毒、有害等危险化学品，这给化工企业的生产带来了复杂性。

2. 设备与人才需求的特殊性

由于化工企业生产的复杂性，化工企业的生产线大多是专有设备甚至是独家专利，这就需要配合高技术的复合型员工，并且如今化工企业的自动化程度相对较高，对维护技术水平和频率的要求也越来越高，因此在日常生产经营中，企业必须按时、定期进行安全检查。化工产品生产人员必须具备同等素质和执业资质，熟练掌握操作、使用和维护技能这样才能及时发现并有效管理安全隐患，防患于未然，同时还需要对新技术新科技有充分的了解和准备这样在面对产业升级时，设备的改造才能做到未雨绸缪。

3. 安全管理的规范性

化工企业与一般企业相比，更需要一套完整可靠的规范制度，既要做好防火、防盗等各项安全防范，又要注意操作规范、生产设施的安全性和合规性、技术人员的考评等。对于工作中懒政或失误的人，更要建立一套严格的问责制度和责任追究机制，否则任何小的失误都可能造成严重的后果。

（二）化工安全生产的特点

化工企业在进行生产时，各项内容比较复杂，对于生产的条件，具有非常严格的要求。在进行实际生产时，涉及的环节和工序比较多，而且存在较多的化学反应。如果在生产时出现了事故问题，一般影响程度都比较严重，会带来严重的经济损失。因为在进行化工生产时，已经融入了自动化技术，在生产过程中产生的物质存在一定的危害性，如果工作人员没有及时发现设备存在的故障问题，没有对这些故障问题进行有效排除，就会带来安全隐患问题。

随着市场竞争环境的日趋激烈，化工企业要想提高自身的核心竞争力，就要强化安全生产，这样才能有更好的发展。化工企业要将安全生产工作，作为其他工作开展的基础。化工企业采用安全生产的模式，可以降低事故问题发生的概率，而且能够减少经济损失，避免出现人员伤亡的事件，确保操作人员在生产时更加安全。因为化工企业的生产环境比较特殊，面临的工作环境比较复杂，存在一些高温和高压的环境。同时在生产环境中，还会出现一些有毒、易燃的物质，存在中毒、爆炸和火灾等隐患问题。一旦出现事故问题，就有可能造成严重的伤亡。化工生产对于我国社会经济的发展具有重要的意义。化工行业已经成为我国经济发展中的支柱行业，与其他行业之间，也存在密切的联系。

（三）化工安全事故的特点

1. 易多发性

化工企业的化工生产原料因具有易燃性、挥发性、有毒性等特点，在正常生产工作中若操作不当极易发生安全事故；化工生产设备因长期高负荷运作，若未定期按时检修则易导致设备快速进入故障多发周期，产生安全事故。相较于工业领域其他突发事件，化工事故更易发。

2. 潜在危险因素多，事故危害性强

化工企业的主要生产方向在于石油化工提炼以及相关衍生物的化合，但化工生产环节的链路相对冗长，期间会产生多类型繁杂衍生物，并且生产过程难免存在高温蒸馏、低温裂解等工艺环节，加剧生产的危险性。在化工事故中，反应器燃爆会造成强大的冲击波，严重的可致建筑物坍塌；管线破裂和设备破损会使大量易燃易爆气体（液体）外泄，遇明火爆炸，致使人员灼伤甚至缺氧窒息死亡。相较于其他各类突发事件，化工事故危险因素更多，危害性更强。

3. 风险外溢性强

化工企业一旦发生安全生产事故，与其他工业事故相比，对设施环境、市场以及周边企业造成的影响更大。据不完全统计，化工事故造成的环境污染占总环境污染的 70% 左右，化工气体（液体）外泄会导致周边水体、土壤和大气出现严重异常，影响周围百姓健康状况。同时，化工事故会使相关化工产品出现供不应求现象，致使相关产品价格呈现上涨趋势，扰乱市场秩序。此外，化工事故的潜在残留危害会波及周围企业，影响周边企业的正常运作。

二、化工生产的风险

（一）危险物料

化工生产存在的危险物料很多，物料的危险性除了由自身的理化性质所决定外，也与使用的方式方法有很大的关系。危险物料的存在可能造成的最大事故就是火灾爆炸。化工企业有很多原材料、成品、半成品的储存。每类物质都需要固定的仓库，因为不同的物质由于自身的性质在储存过程中需要不同的条件和规定，可能两种物料不能放在一起，可能某种物料不能通风等。例如，对于煤化工生产企业来说，煤的储存是必不可少的，在煤的储存过程中，如果燃煤长时间堆积在煤仓中，很可能发生自燃引起火灾事故。煤粉是煤的另一种存在状态，很可能与空气混合达到一定的比例，从而形成爆炸混合物，如果遇火源就可能发生爆炸事故。对于其他的一些物质，也有可能由于其本身的化学性质，在储存中发生火灾爆炸事故。当然，其他的危险物料也是一样的，大部分物料都是易燃易爆的，很多都是遇火源就可能引发火灾爆炸等事故，造成严重的人员伤亡。在化工生产中，这类危险物料有甲醇、氢气、硫化氢、一氧化碳、烯烃类等。物料的正确运用和储存可以极大地减少事故的发生概率。化工企业需要对每一种物料的理化性质进行记录，例如，物料的燃烧特性、用途、毒性、腐蚀性、反应特性等。记录每种物料在生产过程中的使用方法，正确的使用才能避免事故的发生。

（二）生产工艺的危险性

同样以煤化工生产企业为例，煤化工工艺主要是将煤作为原材料，经化学加工过程，使煤直接或者间接转化为固体、液体和气体燃料、化工原料或其他化学品的工艺过程。煤化工工艺主要包括煤制油（甲醇制汽油、费－托合成油）、煤制二甲醚、煤制烯烃（甲醇制烯烃）、煤制乙二醇（合成气制乙二醇）、煤制甲醇、煤制甲烷气（煤气甲烷化）、甲醇制醋酸等工艺。煤化工工艺具有极大的危险性，其特点如下：

①反应过程涉及很多危险化学品，例如，氢气、乙烯、一氧化碳、丙烯、甲烷等都是易燃气体，具有燃爆危险性。

②在煤化工生产中，很多化学反应过程都是高温、高压过程，十分容易发生生产介质泄漏，从而引发火灾、爆炸以及一氧化碳中毒等重大事故。

③在生产过程中，很可能形成爆炸性混合气体。

④很多煤化工新工艺都具有反应速度快、放热量大的特点，极易造成反应失控，从而引发事故。

⑤在煤化工生产过程中，所产生的很多中间产物都是理化性质不稳定、易造成分解爆炸的中间产品。

（三）生产机器设备及维护

化工生产需要很多设备，设备本身就存在着危险性，影响设备的风险安全运行的因素有很多。很多伤亡事故是由某些影响系数如压力、温度、反应热等超过某一安全值发生火灾爆炸造成的，也有很多伤亡事故是由设备对人的一些直接伤害，如机械伤害、起重伤害等造成的。

1. 压力容器

生产过程中涉及的压力容器较多，若这些容器工作压力超过该设备的允许温度，而且安全设施因故未启动，另外设备因腐蚀作用使器壁变薄，或者选材不当，或者设备本身质量存在问题，以及人员的误操作都可能引起容器爆裂。如果此时遇明火，就会产生爆炸火球，必定会造成严重的人员伤亡及财产损失。

2. 起重设备

在化工产品的生产过程中，一些生产设备都很高，在生产或其他工作中需要使用行车、电动葫芦等起重设备进行吊装等工作。由于起重设备本身的特点，危险性显而易见。违章操作、指挥失误或者是安全装置失效等，都可能引发起重伤害，甚至导致工作人员出现伤亡。

3. 水系统

化工厂必然存在污水处理系统、循环系统、供水系统等有水池的场所。在人员巡检过程中，水系统的各类水池的防护栏杆、平台塔板破损或是工作人员的一时疏忽大意，都可能导致工作人员掉进去，从而导致重伤或淹溺的发生。

4. 其他设备部件

当鼓风机、各类泵、液－固离心机、研磨机、双螺杆挤出机、筛选机、包装机等转动设备运行的时候，很可能会因为转动机械无防护罩、网、安全遮栏等安全设施或安全设施损坏，导致人体接触到转动设备造成机械伤害。在有高处作业的设备、塔器、平台、框架、房顶、罐顶、杆上等场所的下方，高空坠物、部件飞出等，都很可能会造成物体打击伤害。

第三节　化工安全生产的重要性

化工行业是我国国民经济的基础性和支柱性行业，从经济角度来看化工行业产值占全国 GDP 的 20% 左右。但是由于易燃、易爆、有毒、高温、压力也是化工行业的特点，因此社会热点事故也多是发生在该行业，通过查阅相关事故信息发现其主要原因是人员违规、设备故障、监管疏忽等。从一个化工厂的建设初期，到最后生产出的成品，每个过程都是经过相关部门对其产品、生产设备以及作业环境等因素进行安全评估的。但只要忽视了某一项，都会让生产中的隐患暴露无遗甚至产生严重后果。

化工安全生产是确保化工企业提高经济效益和促进生产迅速发展的基本保证。如果一个化工企业经常发生事故，特别是发生灾害事故，就无法提高经济效益，更谈不上生产的发展。保护员工人身安全和健康是企业的重要职责，是国家对企业的基本要求，因此，做好安全生产是每位员工的重要职责，也是企业对员工的基本要求，为确保企业安全生产，我国颁布了《中华人民共和国安全生产法》，这是新中国成立以来颁布的首部有关安全生产的法律。《中华人民共和国安全生产法》提出了我国安全生产的方针，即"安全第一，预防为主，综合治理"。

安全生产，重在预防和综合治理，预防和治理都做好了，安全生产也就有了保障。为确保企业安全生产，应根据《生产经营单位安全培训规定》，对每一位新入厂的员工（包括下厂实习的学生和到厂培训的人员）进行培训，首先要对其进行公司（厂）级、车间级、班组级等三级安全教育培训，合格后方能上岗。现在很多化工企业对新入厂的员工实行安全第一课和安全第一考的制度。若安全知识考核成绩不合格，则不能上岗，必须再进行安全教育和考试，直至成绩合格，才准予上岗。安全生产对国家、企业、个人都是十分重要的，学生在实习过程中一定要认真学习安全知识，增强安全意识。

第二章　化工产品生产与安全技术

安全技术在化工产品生产的各个环节中发挥着重要作用，化工生产的安全顺利进行是技术管理的最终目标。任何技术的改进都是以提高化工生产的安全性为主要目的的。本章分为典型化工产品生产工艺简介、化工单元操作安全技术、化工设备安装与检修安全技术、防火防爆安全技术、电气安全技术五部分。主要包括合成氨生产工艺操作与安全、双氧水生产工艺操作与安全、化工各个单元操作的安全技术、化工设备安装与检修安全技术措施、电气安全技术措施等内容。

第一节　典型化工产品生产工艺简介

一、合成氨及其生产工艺

（一）合成氨

氨（NH_3）是无机化学工业中产量最大的产品，是化肥工业和其他化工产品的主要原料。现约有 80% 的氨用于制造化学肥料，除了氨本身可用作化肥外，还可以加工成各种氮肥和含氨复合肥料，例如，尿素、硫酸铵、氯化铵、硝酸铵、磷酸铵等，还可以生产硝酸、纯碱、含氮无机盐等，氨还被广泛用于有机化工、制药工业、化纤和塑料工业以及国防工业中。因此，氨在国民经济中占有重要地位。目前氨是由氮气和氢气在高温、高压和催化剂作用下直接合成而得的。

（二）合成氨的生产工艺

1. 以煤为原料的合成氨

我国几乎所有的小型合成氨和部分中型合成氨氮肥企业都以煤为原料。小型合成氨厂采用氨水吸收一氧化碳（CO）气体，制备碳铵肥料；中型合成氨厂则采用铜洗、甲烷化或双甲工艺精制原料气、合成氨作为合成尿素的原料。

2. 以油为原料的合成氨

重油、渣油及各种石油深加工所得残渣习惯上统称"重油"。以重油为原料合成氨时，采用部分氧化法制取原料气，从气化炉出来的原料气先清除炭黑，然后依次经硫化物的脱除、CO 的变换、CO 的脱除、液氮洗，再经压缩后合成氨。

3. 以天然气为原料的合成氨

在以天然气、焦炉气、乙炔尾气、炼厂气、高炉气等气体燃料为原料的制氨流程中，天然气经脱硫后，其硫化物的含量低于 0.1×10^{-6}，其精制工艺采用甲烷化，则工艺简单，投资较少，吨氨能耗低，在富产天然气的地区得到了广泛应用。

总而言之，我国合成氨生产原料比较复杂，目前是以煤为主，油、气并存的局面。目前我国合成氨原料中煤占 64%，处于合成氨工业的主导地位，天然气占 22%，油占 14%。从成本上看，以天然气为原料合成氨，普遍生产成本较低，短时间内仍有一定优势，而油、天然气是重要的能源和战略物资，随着开采量的日益减少会引发价格上涨，因此以油、天然气为原料合成氨会慢慢转变成以煤为原料合成氨，因此以煤炭为原料的优势会逐渐凸现出来。中国煤炭资源具有储量丰富、分布范围广、价格低廉、供应稳定等优势，虽然煤炭的价格也会有随油气价格联动上涨的可能，但涨价幅度小，不会影响煤炭作为合成氨原料的局面。

二、氯碱及其生产工艺

（一）氯碱

氯碱行业作为传统化工行业，是我国目前最重要的基础化工行业。20 世纪 20 年代末，中国氯碱行业开始发展，随着科技不断进步，我国的氯碱行业迅速发展和强大起来。

目前，我国宏观经济快速发展，这大大促进了我国氯碱行业"聚氯乙烯加烧碱"配套模式的发展，我国氯碱产品产量已超过全世界氯碱产品产量的 50%，现今中国氯碱行业存在以下特征。

1. 区域性特征明显，西南地区较弱

我国的氯碱行业的生产企业主要集中在华北地区和西北地区。我国烧碱生产能力居第一位的地区是华北地区，到 2020 年，华北地区烧碱生产能力达到了 1 612.5 万吨，占全国烧碱总生产能力的 36%；我国烧碱生产能力居第二位的是西北地区，西北地区烧碱生产能力达到了 1 094 万吨，生产能力与全国总生产能

力的占比达到25%。西北地区有我国最大的聚氯乙烯（PVC）生产地，在2020年，我国西北地区 PVC 生产能力超过了 1 376 万吨，生产能力与全国总生产能力的占比达到52%；华北地区是我国第二大的 PVC 生产地，我国华北地区 PVC 生产能力超 670 万吨，生产能力与全国总生产能力的占比达到25%。

2. 节能环保压力加大

"十四五"时期高质量发展的规划再次强调了绿色发展的要求，全球从严治理二氧化碳等温室气体排放、加速绿色低碳循环发展等要求，逼迫化工企业全面提高绿色低碳循环发展的质量、水平，通过加强研发、改良技术来降低企业生产过程中的资源能源耗费，从而实现节约资源、减少三废排放的目标。氯碱行业是高污染、高耗能行业，在节能减排面临较大的压力、环保政策给行业施以高压的情况下，氯碱行业生产过程中面临的设备设施能力、节能环保技术提升压力较大，出于保护环境的目的，为达到法律、法规、政策所要求的废水废气废渣排放标准和安全生产要求，促进绿色发展，氯碱企业在生产过程中不得不加大在相关装置、设备方面的资金投入，从而使运行成本大大增加。氯碱行业必须依托研究开发、技术改革推动技术进步、转型升级，向着低碳环保、节能减排、效益规模化方向发展。

3. 氯碱主打产品市场遇冷，盈利能力下降

全球煤、盐、气、电、油、水等各类能源和资源价格不断上涨，以及电力、运输成本的增多等因素使得中国 PVC 制造公司受到的压力增大，同时由于生产能力的增加，PVC 市场产品价格却由于上游产业庞大的供应量和下游产业较低需求量的不相匹配而一直保持在低位态势，且价格在短期内也难有改善。下游用户利用 PVC 行业因产能过剩而导致行业竞争越来越激烈的发展现状，向 PVC 上游生产企业不断提高要求、施加降价压力，使得 PVC 上游生产企业在交易中的话语权越来越弱，盈利能力普遍下降，资源利用税费、环境保护税费的开始实施也增加了企业的运行成本，氯碱行业的利润空间被大大缩减，从而产生了巨大的生产经营压力。

4. 我国氯碱行业竞争激烈

从氯碱行业市场上现有的竞争者数量来分析，近年来，我国氯碱行业生产企业数量呈波动下跌趋势，从 2010 年至 2021 年 11 月，氯碱行业生产企业数量从 270 余家波动下跌至 230 余家。具体来看，从 2010 年至 2021 年 11 月，烧碱的生产企业从 170 余家下跌到 150 余家；从 2010 年至 2021 年 11 月，PVC 的生

产企业从 90 余家下跌到 70 余家。再结合氯碱行业集中度来分析，因为我国氯碱行业市场集中度比较低，所以氯碱行业市场上现存企业之间的行业竞争较为激烈。从氯碱行业市场上单个企业生产规模来看，2010 年全年我国单个企业烧碱的平均生产规模约为 17 万吨，2020 年上升至 28 万吨；2010 年全年我国单个企业 PVC 的平均生产规模约为 22 万吨，2020 年上升至 38 万吨。2010—2020 年，我国烧碱生产规模大于 100 万吨的企业从无上升到占比 11%，PVC 生产规模大于 100 万吨的企业从 6% 上升到占比 17%；烧碱生产规模为 50 万到 100 万吨的企业从 16% 上升到 27%，PVC 生产规模为 50 万到 100 万吨的企业从 22% 上升到 31%；生产规模为 30 万到 50 万吨的企业占比基本保持不变；但是生产规模为 10 万到 30 万吨的烧碱生产企业占比从 44% 下降到 29%，PVC 生产企业占比从 37% 下降到 15%；而生产规模小于 10 万吨的烧碱生产企业占比从 10% 下降到 3%，PVC 生产企业占比从 6% 下降到 1%。这从侧面反映了我国氯碱行业单个企业的生产能力在不断扩大，生产规模大的企业在不断增加，小规模的企业在逐渐减少，原因可能在于产能落后的小规模企业在市场竞争中被兼并吞没，也有可能是退出了市场，企业间市场竞争越来越激烈。从氯碱产品附加值来看，长期以来，我国塑料制品生产企业多偏向于低附加值产品，企业研发能力弱、资质实力偏低。目前国内氯碱产品结构单一，产能过剩，同质化竞争越来越剧烈。氯碱产品在质量和性能方面差距很小，生产成本高低情况决定了产品的竞争力的大小。我国氯碱行业目前在高端产品、高附加值产品方面开发力度不足，在对氯碱行业发展有重大意义的精细化工产品生产方面资金投入比例小，技术开发投入不足，通用牌号的 PVC 产品多、专用牌号的 PVC 产品少，PVC 产品大多附加值比较低，高附加值的 PVC 产品较少。与国外 PVC 生产企业相比，国内 PVC 生产企业在生产技术水平、产品质量、应用领域范围等各方面都还存在一定距离，例如，很多新兴应用领域在国外已经大量开拓，而我国氯碱行业在这些领域涉入较少，国内氯碱产品在传统应用领域竞争激烈，而在氯碱新兴应用领域却缺乏竞争，与转型升级、绿色发展的要求不相适应。

（二）氯碱的生产工艺

1.烧碱生产工艺

第一，一次盐水工序。主要工作是通过化学、物理等手段，将含钙、镁等离子的各种可溶性、不溶性杂质和有机物从原盐中分离出来，为二次盐水及电解工序输送合格的一次盐水。

第二，二次盐水及电解工序。二次盐水和电解是烧碱生产工艺的关键工序，该工序的主要工作是在电解槽中制备 32% 的碱液产品，氢气、氯气送氯氢处理工序，淡盐水返回一次盐水工序化盐。

第三，氯氢处理工序。该工序主要由氯气处理、氢气处理、氯气吸附三部分组成。其目标是将电解部分生产的氯、氢分别进行冷却、干燥、压缩、输送至下游车间，并吸收处置过程中产生的氯气、副产物次氯酸钠。

第四，液氯及包装工序。将平衡生产的部分富余氯气进行压缩、液化并装瓶是该工序的主要任务，根据氯气压缩机压力的不同，我们通常将氯气液化方式分为高压法、中压法和低压法。

第五，氯化氢合成及盐酸生成工序。本工序的工作是在二合一石墨炉中，将氯氢处理车间产生的氯气和氢气进行燃烧，生成氯化氢，冷却后送入氯乙烯工艺。液氯车间的尾氯气和氢气一起流入二合一右墨合成炉，形成了一种氯化氢。采用石墨冷却器冷却后，经过两个阶段的降膜吸收器和排气塔，利用纯水进行吸附，产生 31% 的高纯度盐酸供解制区使用或直接外销。

第六，蒸发及固碱工序。本工序的工作是将电解槽中制备的 32% 的碱液浓缩为 50% 的碱液和 99% 的片碱，采用的是瑞士博特公司的降膜技术和设备，降膜法生产片碱的能耗低于国内传统的大锅法，并且具有良好的连续稳定的生产条件。

2. PVC 生产工艺

（1）乙炔制备

电石破碎：对符合标准的电石经粗粉碎、细粉碎加工。

乙炔发生：通过粉碎后的合格的原料，经过精确的计量，将其送入乙炔发生器中进行水解，制备出用于净化工艺的粗乙炔。

$$CaC_2 + 2H_2O \rightarrow Ca(OH)_2 + C_2H_2 \qquad (2\text{-}1)$$

乙炔清净和渣浆处理：这里有一个涉及循环经济的重点，氯碱生产企业的电石渣浆可用作化灰使用。

（2）氯乙烯合成

氯乙烯合成可以分为三部分：混合气的脱水、氯乙烯的合成和粗氯乙烯的净化。本工序是将合格的氯化氢气体、乙炔气体按比例充分混合、进一步脱水后，在氯化水触媒的催化下合成氯乙烯（VC）气体。经脱汞、组合塔回收酸、碱洗后，送至氯乙烯压缩岗位生产用。

混合气脱水：冷冻方法混合脱水是利用盐酸冰点低、盐酸上水蒸气分压低的原理，将混合气体冷冻脱酸，以降低混合气体中水蒸气分压来降低气相中水含量，进一步降低混合气中的水分至所必需的工艺指标。

氯乙烯合成：乙炔气体和氯化氢气体按照 $1：1.05 \sim 1：1.07$ 的比例混合后在氯化汞的作用下，在 $100 \sim 180\ ℃$ 温度下反应生成氯乙烯。

粗氯乙烯的净化：转化后经脱汞器除汞。冷却后的粗氯乙烯气体中除氯乙烯外，还有过量配比的氯化氢、未反应完的乙炔、氮气、氢气、二氧化碳和微量的汞蒸气，以及副反应产生的乙醛、二氯乙烷、二氯乙烯等气体。为了生产出高纯度的单体，应将这些杂质彻底除去。

（3）氯乙烯聚合

聚氯乙烯是由氯乙烯单体聚合而成的高分子化合物，聚氯乙烯结构式为 $\left[\ CH_2\!-\!CHCl\ \right]_n$，在氯乙烯聚合过程中，聚合配方体系为改善树脂性能会添加各种各样的助剂，其中用得比较广泛的有缓冲剂、分散剂、引发剂、终止剂、消泡剂、阻聚剂、紧急终止剂、热稳定剂、链调节剂等。

三、双氧水及其生产工艺

（一）双氧水

1. 双氧水的性质及用途

过氧化氢（Hydrogen Peroxide），化学式为 H_2O_2，相对分子质量为 34.015，在纯液体状态呈现淡蓝色黏稠状，可与水以任意比例混合，其水溶液俗称双氧水，无色透明液体。此外，过氧化氢还能溶于多种有机溶剂，例如，醇、酯、醚、胺。双氧水由于分解产物主要为水及氧气，无污染，且在所有 pH 值范围内均有强氧化性，可用活性氧原子占分子质量的 47.1%，远高于其他常用氧化剂，因而是绿色化工的关键物质，在纺织、造纸、化学合成、军工、土壤修复、消毒灭菌、冶金等领域中均有广泛应用。

在化工领域，双氧水可以作为原料生产环氧化物等众多化学品，作为氧化剂制备苯酚，此外还可以作为催化剂使用；在军工领域可以作为燃料推进剂，在高浓度下会迅速分解放热；在消毒灭菌方面，可以大量用于医药及废水处理，且不会产生有毒物质，将废水中的金属和金属离子氧化为金属氢氧化物的形式除去；在纺织造纸领域，漂白去色的同时，还可减少环境污染，且颜色更稳定。

2. 双氧水市场现状

截至 2018 年, 全球双氧水消耗量约为 650 万吨 / 年, 且呈现逐步增长的趋势。2015 年, 全球双氧水产量为 550 万吨 / 年(按 100% 计), 且增长率维持在 3% ～ 5%。2021 年我国双氧水行业产量达到 1 235 万吨, 表观消费量为 1 240 万吨。从国内双氧水消耗市场来看, 32% 用于化工领域, 37% 用于造纸领域, 19% 用于印染领域, 6% 用于污水处理领域。

目前, 国内双氧水产量及需求量均为世界第一, 然而目前我国双氧水生产市场存在一系列问题, 如产品品质低、规格单一、应用范围窄, 高浓度及高纯度产品仍需进口。双氧水应用领域广泛, 需求量不断增加, 预计未来数年, 我国在双氧水生产及消费领域仍存在较大上升空间, 生产不断向优势企业集中。

（二）双氧水的生产工艺

双氧水生产工艺主要有电解法、异丙醇法、氧阴极还原法、氢氧直接合成法、蒽醌法。

1. 电解法

电解法主要原理如下。

电解: $$2NH_4HSO_4 = (NH_4)_2S_2O_8 + H_2 \uparrow \tag{2-2}$$

水解: $$(NH_4)_2S_2O_8 + 2H_2O = 2NH_4HSO_4 + H_2O_2 \tag{2-3}$$

电解池的结构通常如下: 阳极为铂或铂-钽合金, 阴极为管式冷却的铅电极或石墨。该工艺因为双氧水产品纯度高, 直到 1950 年, 仍占世界总产量的 75%, 但该工艺能耗高, 金属铂电极消耗严重, 主要设备的单元生产力低。

2. 异丙醇法

异丙醇法主要原理为:

$$(CH_3)_2CHOH + O_2 = CH_3COCH_3 + H_2O_2 \tag{2-4}$$

异丙醇法就是由异丙醇和氧化物作为引发剂, 在空气和氧条件下进行氧化, 产物是通过蒸发和萃取分离得到的。本方法的产物分离过程复杂, 同时也产生了大量的丙酮。

3. 氧阴极还原法

加拿大休伦（Huron）公司和美国陶氏（Dow）化学公司共同研发的氧阴极还原工艺（H-D 工艺）已在 1991 年实现了工业化。本方法采用在阴极将氧还原为 OH⁻ 的碱性电解质，再将其在再生设备中进行反应，得到 10%～30% 的双氧水。虽然本方法的工艺成本较低，但是双氧水中存在碱，产物含量较低。

4. 氢氧直接合成法

氢氧直接合成法的主要技术是将氢和氧引入含催化剂的酸性溶液中，在催化剂的作用下，两种物质通过反应而产生 H_2O_2，再经过滤、蒸馏，获得双氧水。相比来说，这种工艺具有最高的原子利用率，最经济，最环保，是今后双氧水生产工艺的发展趋势。但由于产品浓度低、氢氧混合容易爆炸等问题，工艺尚不完善，目前尚不能大规模生产。

5. 蒽醌法

蒽醌法的工艺流程包括加氢、氧化、萃取和工作液后处理。在氢化过程中，溶剂中的蒽醌与氢反应，形成相应的氢蒽醌；在氧化过程中，氢蒽醌与氧发生反应，产生蒽醌类化合物，并产生 H_2O_2。在萃取工艺中，将 H_2O_2 从工作液相中抽提至水相中，获得过氧化氢粗产品，再进行提纯和浓缩，获得合格的双氧水产品。同时，将提取后的工作液通过白土柱进行再生，然后循环至加氢站进行回收。与其他工艺相比，蒽醌法有明显的优势，它具有能源消耗小、装置生产能力高、自动化程度高等特点，是目前工业生产中使用最多的一种工艺。目前，在世界和国内的双氧水生产中，蒽醌法的产率分别为 95% 和 99%。

第二节　化工单元操作安全技术

一、化工单元操作相关概述

（一）化工单元操作概念

化工单元操作是化工生产中具有共同的物理变化特点的基本操作，是由各种化工生产操作概括得来的。基本化工单元操作包括物料输送、传热、冷冻、蒸馏、吸收、干燥、萃取、结晶、过滤、筛分、吸附、混合、储存等。化工生产装置是各化工单元的组合，涉及泵、换热器、反应器、蒸发器、塔等一系列化工设备。

（二）化工单元操作特点

第一，化工单元操作是物理性操作。例如，流体输送、加热或冷却，只改变了所处理物料的部分物理性质，而不改变其化学性质。

第二，化工单元操作具有共性。例如，乙醇、乙烯生产和石油加工都采用蒸馏操作分离液体混合物；生产硝酸、硫酸和合成氨都采用吸收操作分离气体混合物；尿素、聚氯乙烯及染料的生产都采用干燥操作除去固体中的水分；制糖、制碱工业中都采用蒸发操作浓缩稀溶液。

第三，化工单元操作设备具有通用性。例如，换热器、干燥器、搅拌器、萃取槽、精馏塔、吸收塔、离心泵、风机等设备（机械），在不同的化工过程中，同类设备因其工作原理、操作要求相同可以通用。

二、化工各个单元操作的安全技术

（一）物料输送

1. 固体块状物料和粉状物料输送

（1）防止人身伤害事故

①在运输设备的日常保养中，润滑、加油和清扫是操作人员受伤的主要原因。

②尤其注意对操作人员可能产生重大危险的装置，例如，皮带以及皮带与滑轮的接触位置。

③注意链斗输送机下料装置的摇杆倒置伤人。

④不可任意拆装装置凸出部分的保护装置，以免在高速运行时，因其突出部分而造成人员被刮伤。

⑤在空气传输过程中，可以避免因静电而导致系统阻塞和粉尘爆炸；在运输易燃易爆材料时，应采用氮、二氧化碳等惰性气体替代空气，以免引起火灾或爆炸。

（2）防止设备事故

①避免在输送带运转时，因温度过高而造成材料烧毁输送带。

②密切关注传动装置的负载分布、物料粒径和混入其中的杂物，避免因卡料而造成链条断裂，乃至将整个传送装置的框架都拖坏。

③避免链斗输送机的下料器因下料太多、料位太高而导致皮带拉断。

2. 液体物料输送

在化学工业生产中，有多种液体物料被输送。液体物料的温度、压力、性质、流量、所需的能源等都是有很大差别的。为满足各种工况下的液体物料传输需求，对各种结构、特点的液体物料输送设备提出了更高的要求。用来输送液体物料的设备叫作水泵。水泵按其工作原理，一般可划分为离心泵、往复泵、旋转泵和流体动力泵四种。不同类型的水泵应注意以下几点。

（1）离心泵的安全要点

①防止因材料泄漏而引起意外。

②防止因吸入空气而引起爆炸。

③防止因静电而导致着火。

④防止因高温而造成轴承着火。

⑤避免绞杀。

（2）往复泵、旋转泵的安全要点

往复泵、旋转泵（齿轮泵、螺杆泵）适用于流量较小、扬程较高或扬程变化较大的情况，齿轮泵主要用于输送黏度较大的流体，例如，石油。往复泵和旋转泵都属于正位移泵，在行车过程中必须开启排气阀，禁止使用关闭出口阀的方式来调整流量，以免引起泵内部压力上升而发生爆炸。这与离心泵不同，离心泵通常是通过关闭出口阀来调整流量的。

（3）流体动力泵的安全要点

液体动力泵是利用压缩气体的压力或液体自身的动能来输送液体物料的装置，例如，空气升液器、喷射泵等。这种泵不需要运动元件，结构简单，在化学领域具有特殊的应用价值，经常被用来运输具有腐蚀性的液体。空气升液机等是由气压驱动的设备，应具有较高的抗压强度和较好的接地装置。在运输可燃性液体时，不可使用压缩空气压送，应用惰性气体如氮气、二氧化碳等取代，以免与可燃液体蒸汽发生爆炸。

3. 气体物料输送

由于气体是可以被压缩的，所以它和液体的输送设备是不一样的。用运输送气体物料的设备常用的是风机（通风机、鼓风机），压缩机和真空泵。在气体物料的输送过程中，由于气压的改变，气体的体积、温度都会随之改变。在工作状态下，对气体物料的运输应特别注意燃气燃烧和爆炸的危险。

（1）通风机和鼓风机的安全要点

①维护设备的安全，防止人员伤亡。

②注意噪声较大，长期与其接触，容易对耳膜产生损害，如有必要，应加装消音器。

（2）压缩机的安全要点

①确保良好的散热。

②对渗漏进行严格的预防。

③禁止在压缩机中产生可燃气体和空气形成爆炸性混合物。

④防止静电。

⑤防止接触禁忌物质。

⑥防止错误的操作发生。

（3）真空泵的安全要点

①严格密封。

②尽量使用液环真空泵来运送易燃气体。

（二）加热

加热是将热量传递到低温物体上，从而使其升温的一种工艺。通常，加热方式有直接加热（烟气加热）、蒸汽或热水加热、载体加热和电加热。

1. 直接加热（烟气加热）的安全要点

①对工厂内部设置不允许有明火的隔离措施。

②必须定期清理加热炉中的残余物。

③对加热锅的高温部分如烟囱、烟道等，要定期进行维护。

④应及时更换漏料。

⑤当采用煤粉作燃料时，应在制粉装置上设置爆破片。

⑥当采用液态或气态燃料时，在点燃之前，必须对炉膛进行清洁，防止爆炸气体的蓄积。

2. 蒸汽、热水加热的安全要点

①对蒸汽护套及管子的耐压强度进行定期检测。

②对装置的压力变化进行密切监测。

③维持合适的加热速率。

④应注意对高温蒸汽加热装置的隔热。

3. 载体加热的安全要点

①以油为载体：必须严格密封油循环系统。

②以二苯混合物作为载体：不可掺入沸点较低的杂质，例如，水。同时，易燃、易爆杂质也不可以混入。

③以无机材料为载体：不能掺入易燃易爆杂质，避免泄漏的金属蒸汽对人体造成损害。

4. 电加热的安全要点

①在使用电炉对可燃性材料进行加热时，必须使用密闭的电炉。

②在使用感应加热装置对可燃性材料进行加热时，要确保装置的安全性和可靠性。

③对受热材料的危险性进行关注。

④加强通风以避免爆炸混合物的形成。

（三）熔融

熔融是把材料从固态加热成液态的过程。在化工生产过程中，经常需要将一些固体物质熔融，如苛性钠、苛性钾、硫酸、磺酸等。碱熔融时的碱渣或碱水溅到皮肤或眼睛，都会引起烧伤。碱性溶液和硫酸溶液中含有的杂质如无机盐等，必须尽快除去，否则，由于不能溶解，这些无机盐将导致局部过热或烧焦，导致熔体喷出，极易造成灼伤。熔融温度通常在 350 ℃以下，为了避免发生局部过热，需要连续搅拌。可以使用烟道气、油浴或金属浴来进行熔化。

从安全技术角度出发，熔融的主要危险在于熔融材料的危险性、熔融时的黏稠程度、中间副产物的生成、熔融设备、加热方式等方面。需注意以下安全操作要点。

①避免材料熔融时对人体造成伤害。

②注意熔融物中杂质的危害。

③降低物质的黏稠程度。

④防止溢料事故。

⑤选择适宜的加热方式和加热温度。

⑥避免熔融设备事故。

⑦注意熔融过程的搅拌。

（四）冷却（冷凝）、冷冻

1. 冷却（冷凝）

在相同的冷却条件下，材料没有发生相变的过程叫作"冷却"，而当材料发生了转变，即由气体转变为液态时，这一过程叫作"冷凝"。化工冷却的主要介质是空气和水，而冷凝的主要介质是氟利昂和氨气。为了保证安全，特别是在凝结过程中，要避免设备和管线的爆炸；在冷却过程中，不能有任何的停顿，以免因蓄热导致温度急剧上升从而引起爆炸。在行车过程中，必须首先通过冷却介质；停机后，先将材料抽出，然后停止冷却。

2. 冷冻

冷冻是把材料的温度降低到水的冰点（也就是 0 ℃）以下。工业制冷剂通常是液氨、氟利昂、冷冻盐水等；而在石化行业中，乙烯、乙烷、丙烷等碳氢化合物是常用的低温冷冻剂，其低温条件为 –100 ℃。由于是在低温环境下运行，因此应注意压缩机、冷凝器和管路的抗压性、抗冻性、气密性，防止爆裂和泄漏事故的发生。

第三节　化工设备安装与检修安全技术

一、化工设备相关概述

（一）设备

设备一般泛指社会经济组织或个人生产过程中不可或缺的基础物资。例如，一系列的电子产品以及机械设备等。这些设备往往能够在长时间内被同一个人使用直至损坏，在使用过程中，这些设备往往具有较高的稳定性。设备管理中的设备主要是指使用过程中，设备使用状况不稳定，同时其自身的价值又会比其原始限额规定要高，能够为生产提供稳定作用，需要定期进行维护的设备。在我们对这些设备进行使用时，为保证其物质形态始终保持在一种比较稳定状况下，在针对设备进行管理时，相关人员基本上会通过对设备生产和质量水平的高低对设备进行几种分类，通常将设备分为重点、主要和一般三个类别。而企业自身的正常运行及持续发展离不开重点设备的作用。因此，设备管理工作者在对设备进行管理时，要重点针对此类设备开展管理工作。

（二）化工设备及特点

在化工生产中，化工设备是其主要的组成部分，化工设备主要有两种：一是对流体进行运输的设备，比如在企业中常见的风机、水泵等；二是主要作用部件是静止的设备，比如在企业中常见的塔器、容器等设备。相比较普通生产设备，化工设备主要包括以下特点。

1. 投资高，成套设备多

化工设备是化工企业较为重要的固定资产之一，往往需要较高的投入，而且为了提升化工生产的效率，保证产品生产质量，越来越多化工企业开始选择使用成套化工设备，因此，投资高，成套设备多成为化工设备一个较为鲜明的特点。

2. 可靠性要求比较高

由于受生产条件的影响，化工设备可靠性要求比较高，谨防在化工生产过程中出现安全事故。设备维护管理人员要不断优化化工设备的材质、选型、效率和能耗，从而有效地保证设备稳定运行，提升设备的可靠性。

3. 化工设备安全性要求比较高

化工生产所需的原料、半成品、成品等往往都是易燃易爆的有害物质，再加上化工用品的事故普遍具有瞬间性、大规模和极强的破坏性特点，在化工生产过程中安全问题十分重要。考虑到化工生产和存储装置是化工事故出现的根源，因此，化工设备安全性要求比较高。包括《中华人民共和国安全生产法》《危险化学品安全管理条例》《安全生产许可证条例》等都对化工生产、存储设备安全性做出了明确规定。

4. 维修成本比较高，备品备件管理要求高

相比普通的生产设备，化工设备在长期使用过程中，零部件更容易受到腐蚀和磨损，因此维护维修成本比较高。此外，化工设备需要定期对设备关键零部件进行更换，因此需要进行备品备件管理，这样能够有效缩短设备维修停歇的时间，减少停机损失，有助于设备可靠性的提升。对化工设备进行备件管理的目标是使用最少的备件资金、合理的库存准备，满足设备维修的需要，不断提高设备的可靠性、维修性和经济性。

二、化工设备安装与检修安全技术措施

（一）提高化工设备安装与检修人员的专业技能

加强化工设备的安装与检修水平，首先要提高安装与检修人员的专业技能和职业素养，安装与检修人员的高专业技能是设备安装、检修、养护更好进行的基础。一方面，化工企业可以通过加大培训力度和创新培训方式来提升安装与检修人员的专业能力，定期开展安装与检修人员互相交流探讨活动，从其他化工企业邀请

专业能力强的安装与检修人员来和本化工企业安装与检修人员进行经验交流，使本化工企业的安装与检修人员可以充分吸取其他安装与检修人员的高级知识和经验，提升自身的安装与检修养护设备技术；另一方面，化工企业要注重对有高级专业技能且经验丰富的人才的引进工作，提高设备安装与检修人员的薪资待遇，通过以点带面的方式提高全体安装与检修人员的专业技能，使其明确不同设备有哪些不同的安装与检修要点，精通设备运行原理，了解设备性能，能够发现深层次可能存在的设备隐患，及时维修，确保化工设备能够良好运行。

（二）安装与检修人员要做好提前规划

在开展化工设备安装与检修工作的过程中，相关工作人员应当提前规划，制订详细的安装与检修方案，这样才能保证各项设备的安装与检修工作有条不紊地进行。在具体的规划过程中，相关工作人员需要做好基本的项目规划，并要加强沟通交流，选定最佳的科学安装与检修计划，并保证安装与检修过程能够满足相关行业规范要求。接着在制订好基本的规划以后，相关的审计人员也需要对这一规划做出审计，保证其具备一定的可行性，最后在开始安装与检修工作之前要进行相应的准备工作，例如，对于各项材料是否到位要进行适当的管理，并且要确保所有应用到的材料的尺寸和质量符合相关标准，这样才能保证安装与检修工作顺利进行。

（三）安装与检修人员需控制设备中的介质

化工设备检修需要注意对设备进行停产操作，由于很多设备在使用的过程中需要使用介质，所以在单个设备停产的过程中，一定要保证所有的介质不会因设备停止运行而产生内漏等情况，另外很多时候，由于设备的使用时间相当长，对设备连接管道阀门没有正确地进行开关，会导致一些内漏问题出现，尤其是一些气体阀门。在检修过程中，若没有仔细对设备的管道进行检查，会造成一些不必要的危险。

（四）安装与检修人员要正确劳保着装

在安装与检修易燃易爆的设备时，必须穿戴有防静电的工作服，衣着整洁，纽扣要牢固，避免产生静电火花或腐蚀性材料与皮肤接触，工作服的口袋里不能有尖锐的角或金属的工具（如角尺等小工具），都要放进专门的工具包里。安全帽应确保帽带扣系得牢固，并与头部相配。在帽子的内部要有足够的缓冲空间，以预防发生碰撞时保护头部。

在酸、碱等腐蚀性极强的工作环境中，要佩戴防酸、碱等防腐手套，尤其是夏季，手出汗比较多，会导致手套的绝缘性能下降，容易打滑。劳动防护鞋应选用防静电及防撞的特殊鞋子。所穿的鞋，鞋底要用针线缝，不可用钉子；在条件允许的情况下，在工作区域的塔基上尽可能地铺上石棉或橡胶，既能防止滑动，也能隔绝人和设备的直接接触。

第四节　防火防爆安全技术

一、火灾爆炸概述

（一）火灾和爆炸事故发生的主要特点

①严重性。火灾和爆炸造成的损失和人员伤亡，通常是相对较大的，程度都是比较严重的。

②复杂性。火灾、爆炸事故的原因较为复杂。例如，明火、电火花、化学反应热、材料分解、自燃、热辐射、高温表面、撞击、摩擦等。

③突发性。火灾和爆炸的发生，往往出乎我们的意料，特别是爆炸事故，我们很难知道在何时、何地会发生，它往往在我们放松警惕、麻痹大意的时候，在我们工作疏漏的时候发生。

（二）火灾、爆炸事故发生的一般原因

火灾爆炸事故的原因十分复杂，经过对事故的调查与分析，主要有五个方面的因素。

①人为因素：因操作者的专业知识不足；事故发生之前，思想麻痹，疏忽，存在侥幸心理，不负责任，违章操作，慌乱，处理不冷静，造成了事故的扩大；或者有的人思想麻痹，违规设计，违规安装，存在侥幸心理，不负责任，造成了安全隐患。

②设备因素：设备陈旧、老化、设计安装不规范、产品质量不佳、设备缺陷、失效等。

③材料因素：由于使用的危险化学物品的性质、特性、危害性不一样，反应条件、结果和危险程度也不一样。

④环境因素：同样的工艺和条件，在不同的生产环境下，也会有不同的效果。

例如，厂房内的通风、照明、噪声等，各种环境因素，都会造成不同的影响。

⑤管理因素：由于管理不善、有章不循或无章可循、违章作业等也是很重要的原因。

我们也可以将上述五个因素归纳为人为、设备、环境三大因素，可以将管理因素视为人为因素，而将材料因素归为设备因素。

二、防火防爆安全技术措施

（一）易燃易爆物质安全防护

1. 易燃易爆气体混合物

①限制易燃气体组分的浓度在爆炸下限以下或爆炸上限以上。

②用惰性气体取代空气。

③把氧气浓度降至极限值以下。

2. 易燃易爆液体

①在液面之上施加惰性气体保护。

②降低加工温度，保持较低的蒸气压，使其无法达到爆炸浓度。

3. 易燃易爆固体

①粉碎、研磨、筛分时，施加惰性气体保护。

②为加工设备配置充分的降温设施，迅速移除摩擦热，撞击热。

③在加工场所配置良好的通风设施，使易燃粉尘迅速排除，不至于达到爆炸浓度。

（二）点火源的安全控制

1. 明火

明火主要是指在生产中使用的加热、维修和其他火源。在对可燃性液体进行加热时，应避免使用明火，应采用蒸汽、过热水或其他热介质进行加热。如需使用明火，则应对设备进行严格的密封，并将燃烧室与设备分开放置。任何使用明火进行加热的设备，都要与可能发生火灾和爆炸的设备保持一定的安全距离，以避免因设备泄漏而引发火灾。

对可能发生火灾和爆炸的地方，使用防爆电气设备。在有可燃、爆炸性物料的加工区域，必须严格控制动火操作，例如，切断、焊接等，并将需动火检修的设备、管道拆除到安全的地方进行检修。在进行切割、焊接操作时，必须严格遵守动火操作的安全规程。在可能储存易燃性液体或可燃性气体的管道、下水道和渗坑内及周围区域，除非危险消失，否则不可进行动火操作。

2. 摩擦与撞击

在化学工业生产中，摩擦、碰撞是造成大量火灾、爆炸事故的主要因素。例如，机械的转动部件，如轴承等部件因摩擦而产生燃烧；金属零件、螺丝等落入粉碎机、提升机、反应器等装置中，因铁器及机件碰撞而引起火灾；铁器与水泥地面碰撞时产生火花；等等。机械轴承要定期加油，保持润滑，并定期清理粘在上面的易燃物。可能摩擦或撞击的两部分应采用不同的金属制造，这样可以避免摩擦和碰撞。铅、铜、铝均不会产生火花，而铍青铜则与钢铁一样坚硬。为了防止碰撞着火，应采用铍铜或镀铜钢的刀具，对易受到冲击的装置或管子应涂以不会产生火花的材料。对运输易燃性液体和气体的金属容器，不要抛掷，不要拖拽，不要摇晃，避免碰撞发生火花。禁止在防火区域内穿有钉子的鞋，地板要铺软的、不会产生火花的材料。

3. 高温热表面

加热设备、输送高温材料的管路、机泵等的表面温度较高，要避免易燃物掉落在上面引起火灾。易燃物品的出口必须与高温加热面保持一定距离。若高温设备及管线靠近易燃物装置，则应在高温热表面设置绝缘层。在高温下，必须严格防止材料泄漏，防止气体进入系统。

4. 电气火花

电弧、电火花、电热、漏电等是电气设备引发火灾和爆炸事故的主要因素。在有火灾、爆炸危险的地方，应按实际情况，在不会造成操作上的特殊困难时，应优先考虑将电气设备置于危险地点之外，或采用正压通风隔断。

在有火灾、爆炸的地方，尽量少用便携式电气设备。针对电气设备产生的火花、电弧、电气设备表面的温度等因素，对电气设备自身进行各种防爆处理，以便在有火灾、爆炸的危险环境中使用。在选择电气设备的时候，要考虑到危险场所的种类、等级、电火花的产生情况，并结合材料的危险性，选择合适的电气设备。通常是根据爆炸混合物的等级来选用电气设备的。防爆电气设备所适用的级别和组别应不低于场所内爆炸性混合物的级别和组别。当场所内存在两种或两种以上的爆炸性混合物时，应按危险程度较高的级别和组别选用电气设备。

第五节 电气安全技术

一、电气相关概述

（一）电流对人体的效应

为了能够识别人体触电的电流波形，需要构建人体电阻模型。根据标准可知，人体电阻模型不能直接简单地应用欧姆定律，因为人体阻抗是受许多因素影响的。选择正确的阻抗值需要考虑电源的类型（交流或直流）、接触电压的幅值、电流流过人体的路径（手到手，双手到双脚或一只手到臀部）、与皮肤的接触表面积、所接触的皮肤表面的状况（盐水湿润、水湿润、干燥）以及电流的持续时间等因素。

在水湿润的条件下，接触面积越大，接触电压越大，人能承受的触电时间就越小。在交流情况下，随着触电持续时间的增加，强烈肌肉反应以及心室纤维性颤动的最大交流阈值迅速下降后趋于平缓。因此触电电流切除速度越快，触电电流越小，越安全。但是触电电流大小与上述电压幅值、电流路径所接触的皮肤表面的状况以及皮肤阻抗等因素有关，由于难以确定其大小，因而需要保证触电电流切除速度尽可能快，由于人体并非纯电阻构成，而是由电阻与电容组成的阻抗。人体皮肤阻抗会随着加在其上面的电压的变化而改变。当电压较低时，皮肤阻抗的变化是可逆的。电压消失后，皮肤阻抗会很快恢复至原来的值。当电压较高时，会对皮肤造成永久的伤害。在这种情况下，电压引起的皮肤阻抗的变化是不可逆的。由于皮肤阻抗的变化范围比较大，其值对人体阻抗的影响最大。皮肤阻抗可能相差很大，即便是同一个人，当其皮肤处于干燥、洁净、无损伤时的状态，其皮肤阻抗与皮肤其他状态下的阻抗也不同。在触电时易使皮肤电损毁，致皮肤阻抗降至零，此时人体阻抗仅剩内部阻抗，其数值大约为 $1\ 000\ \Omega$。人体触电等效阻抗应按照最坏情况进行讨论，即人体阻抗仅剩内部阻抗。因工频交流电为 220 V，人体阻抗最坏情况为 $1\ 000\ \Omega$ 左右，所以最坏情况触电电流大约为 220 mA。

（二）电击对人体伤害的机理

人体受到电击伤害主要是由人体通过电流引起的。例如，电流流过心脏引起心室震颤，最终心脏停止跳动而死亡；电流强烈刺激控制呼吸的神经系统引起窒息致死；由于流过人体电流过大、时间过长，发热烧伤致死。但是，一般人误认为人体触电致死是高电压引起的。这样理解是片面的。为什么电业工人能在带电高压下操作或者一只飞鸟停在裸露的高压线上却不会发生触电死亡呢？其原因就在于动物体仅仅触到高电压，而体内未通过电流，故不会触电致死。

国际电工委员会（IEC）对流经人体的电流效应有明确的说明（这里仅以工频交流电为例）。它分为以下几个区域。

安全区：当流经人体的电流小于 0.5 mA 时（以下均为有效值），人体一般没有什么感觉，并与接触时间长短无关，此区域又称无知感区。

知感区：当电流大于 0.5 mA、小于等于 10 mA 时，人体一般有感觉，但此时能摆脱，故又称摆脱区。

不易摆脱区：当电流大于 10 mA（时间大于 10 s）、小于等于 500 mA 时，通常不易摆脱，并会发生明显的电流生理效应，如肌肉收缩，呼吸困难甚至发生心房纤维性颤动，直至停止跳动。

致颤区：当电流大于 500 mA 时，即使在较短时间内，心脏也会引起强烈颤动，很快引起致颤死亡。

二、电气安全技术措施

（一）隔离带电体的防护措施

有效隔离带电体是防止人体遭受直接电击事故的重要措施，通常采用以下几种方式。

1. 绝缘

绝缘是用绝缘物将带电体封闭起来的技术措施。良好的绝缘既是保证设备和线路正常运行的必要条件，也是防止人体触及带电体的基本措施。电气设备的绝缘只有在遭到破坏时才能除去。

2. 屏护

屏护是采用屏护装置控制不安全因素，即采用遮栏、护罩、护盖、箱（匣）等将带电体同外界隔绝开来的技术措施。

屏护装置既有永久性装置，例如，配电装置的遮栏、电气开关的罩盖等，又有临时性屏护装置，例如，检修工作中使用的临时性屏护装置；既有固定屏护装置，例如，母线的护网，又有移动屏护装置，例如，跟随起重机移动的滑触线的屏护装置。

对高压设备，不管有没有绝缘，都要做好防护或其他保护。在靠近带电设备的地方，可以使用活动围栏，以避免触电。检修栅栏可以由干燥的木材或其他隔热材料制作，放置在走道、人群或工作人员和带电设备之间，以确保检修工作的安全。

对于一般固定安装的屏护装置，因其不直接与带电体接触，对所用材料的电气性能没有严格要求，但屏护装置所用材料应有足够的机械强度和良好的耐火性能。

3. 间距

间距是指保证人体与带电物体之间安全的距离。为防止人体或其他物体与带电物体过于靠近或接触，防止过电压放电及各类短路事故，使用时，应在带电体与地面之间、带电体与其他设备之间、带电体与带电体之间保留一定的安全距离。例如，高架线路与地面及水面的距离，以及与有火灾、爆炸危险的建筑物之间的距离。安全距离取决于电压、设备类型、安装方式等。

（二）保护接地

保护接地是一种非常普遍的技术手段，它是一种预防间接触电的安全技术手段。

保护接地的基本原理是通过使用一个数值很低的接地电阻（通常在 $4\ \Omega$ 以内）与人体电阻并联，从而使漏电设备的接地电压下降到安全水平。另外，由于人体电阻远远高于接地电阻，因此，在人体内发生的短路电流要远远小于经过接地电阻的电流，从而大大降低了对人体的伤害。

（三）保护接零

保护接零是在正常情况下将电气设备带电的金属部分用导线与低压配电系统的零线相连接的技术防护措施，常简称为接零。与保护接地相比，保护接零能在更多的情况下保证人身安全，防止触电事故。

在实施以上接地保护的低压系统中，一旦出现单个触头漏电故障，则构成一个单相短路环。由于电路中没有工作接地电阻和保护接地电阻，整个电路的阻抗都很低，所以故障电流肯定会很大（超过 27.5 A），这就足够让保险丝熔断，保护装置会自动断开电源，保障人身安全。

（四）正确使用防护用具

为了防止操作人员发生触电事故，必须正确使用相应的电气安全用具。例如，使用绝缘杆时应注意握手部分不能超出护环，且要戴上绝缘手套、穿上绝缘靴（鞋）；绝缘杆每年要进行一次定期检验。

第三章　化工生产应急避险与现场急救

由于化工生产具有一定的特殊性，在开展化工生产时需要面对一定程度的安全风险，因此，对于相关工作人员来说，具备足够的应急避险与现场急救知识是极其有必要的，这不仅能够把伤害降到最低，还能保障相关工作人员的安全。本章分为化工生产应急避险措施及方法、化工事故应急救援与现场处置两部分。主要包括车辆伤害、机械伤害和起重伤害、化工事故应急救援知识与化工事故的预防及对策等内容。

第一节　化工生产应急避险措施及方法

一、车辆伤害避险措施及方法

（一）车辆伤害的定义

依据《建筑机械使用安全技术规程》（JGJ 33—2012），以及相关的其他规范，导致车辆危害的危险源因素是含高危因素土石方运输、工地现场所要使用的翻斗车和现场正在行驶的运输车等。

比较容易导致车辆伤害的具体内容包含：①行驶过程中机动车辆对人身直接造成伤害；②车辆碾压地面上的物体导致其飞溅而出，打击到人体产生伤害；③车辆在行驶过程中相互碰撞或者撞击到其他设施、设备，导致对人体产生伤害；④在行驶的过程当中，因为装载物件倒塌或是掉落，导致对人体产生伤害。

（二）应急处理措施

一是挽救生命原则。在医疗急救人员到达现场之前，救援人员应尽快处理危及伤员生命的外伤，如止住大出血、保持呼吸道通畅等，力求保住伤员性命，若是在现场盲目治伤，或是在专业医疗人员到达前擅自将伤者救出，极有可能造成更为严重的"二次损伤"。

二是快速原则。在交通事故现场，时间就是生命，救援人员要时刻绷紧神经，紧抓每分每秒，迅速抢救伤员生命，缓解伤员痛苦，这样才有利于后续的脱困和搬运等工作。

三是有序原则。车辆碰撞能量巨大，往往导致伤员伤情复杂又严重，常见复合伤。救援时要遵循"先抢后救，边抢边救""先重后轻""先止血后包扎""先分类再搬运后送"的顺序，如此才能最大限度避免死亡和其他损伤。

四是自我保护原则。救援人员应强化自我防护的意识和能力，这样才能更有效地发挥救援能力，保全救援力量。

（三）危险因素及注意事项

①作业环境危险因素：由直接环境造成的潜在的实际危害，如凹凸不平的地面、可能造成车辆位移的坡面、不稳定的建筑物或树木。

②车辆危险因素：由损坏的车辆造成的潜在危害，如破损的玻璃和锋利的边缘、燃油或者装载的易燃易爆、腐蚀剂、有毒危险品溢出或泄漏，车辆着火将高压线烧断搭在地面导致路面带电，新能源车辆配备的高压电池模块漏电或着火。

③动态危险因素：在救援过程中不断变化的因素，如天气状况或火灾、车辆稳定性、车辆结构（创造空间的结果）。

④伤者危险因素：受伤患者引发的问题，如血液与体液；伤者可能具有反抗性（由于头部受伤）；伤者可能由于肥胖导致顶升难题。

二、机械伤害避险措施及方法

（一）机械伤害的定义

①机械伤害的类型有物体打击、机械伤害、起重伤害、机械坠落、机械坍塌等。

②针对相关机械伤害，一定要将《建筑机械使用安全技术规程》（JGJ 33—2012）及其相关规范作为防治参照。

③比较容易导致机械伤害的危险源是挖土机、千斤顶、圆盘锯、风钻、弯曲机、搅拌机、刨床、钻床等施工机具。

④大概率发生机械伤害的具体工序或形式有以下几个方面：第一，各种机具的使用、安装以及其在拆除过程中诱发的各种人体伤害，包括维护、检查以及正常的作业；第二，各种机械机具在使用过程中，发生诸如夹片飞出、张拉、千斤顶活塞爆缸以及压浆管甩出等突发危险，对人体产生伤害；第三，强夯类机具在进行捶打工序时，作业物体飞出对人体造成机械性伤害；第四，由于现场挖土机

操作员大意，使得在与其余机具平行作业时机具配件飞出，人体被飞出配件击中导致机械伤害；第五，在施工现场进行混凝土输送时，因为输送管道炸裂、飞出混凝土对人体造成机械伤害。

（二）应急处理措施

①以上事故一旦出现，千万不要惊慌失措，最先发现的人员应该立马报告所属部门的直接领导，并拨打120电话进行求救，说明事故具体位置、具体伤员的情况，同时施行相对应的急救策略。

②对于不同的伤害情况，应该有不同的处理方式，比如，绞、割、压等伤害情况，第一时间应该切断机械电源让机器停止运转，然后把伤残的肢体（手指或脚趾）进行适当包扎。如果是骨折类型的伤害，要将伤员置于担架或者平面板上进行搬运，防止因为搬运造成二次伤害。

③发现失血过多的情况要及时进行包扎处理，如果血流不止，可考虑用手指按压的方法，上止血带者要贴上标注，把时间写明，而且每隔20 min要进行适当放松，避免伤肢缺血坏死。

④在现场条件下对骨折的肢体进行固定，如果有异物已经插进人体内部，为防止出现大出血的危险状况，千万不能贸然拔出异物，应该把露出体外的部分切断，等到达医院后再找专业医生进行相应处理。

⑤如果碰到类似胸腔外翻或者开放的伤者，应该马上让其处于半卧式躺姿，在伤口外露的部分要进行严实密集的包扎处理。这样可以把外放式的气胸处理成密封性质的胸腔伤口，在这些环节都处理完善之后才应该火速送往就近的正规医院进行处理。如果救护人员能够准确地判定伤口属于张力类型，那么就应该用穿刺排气的方法进行救治，或者直接在胸部上方进行专业的引流设置。

⑥不要忘记相关的事故调查取证工作。

三、触电避险措施及方法

（一）触电的定义

电流流过人体时对人体产生的生理和病理伤害就是所谓的触电。触电事故（电气事故）包含人身事故和设备事故。本书重点阐述前者。人身事故是指电流对人体的直接（电击、电伤）或间接（电击引起的高空坠落、电气着火或爆炸引起的人身伤亡、电工作业摔伤等）伤害。

（二）应急处理措施

1. 脱离电源

（1）低压触电事故

使触电者迅速脱离电源，这是触电急救的第一步。对于低压触电事故，可采取以下方法使触电者脱离电源。

①如果触电地点附近有电源开关或插销，可立即拉掉开关或拔出插销，切断电源。

②如果找不到电源开关或距离太远，可用有绝缘把的钳子或用木柄斧子断开电源线；或用木板等绝缘物插入触电者身下，以隔断流经人体的电流。

③当电线搭落在触电者身上或被压在身下时，可用干燥的衣服、手套、绳索、木板、木桥等绝缘物作为工具，拉开触电者或挑开电线使触电者脱离电源。

④如果触电者的衣服是干燥的，又没有紧缠在身上，可以用一只手抓住他的衣服脱离电源；但因触电者身体带电，其鞋的绝缘可能遭到破坏，救护人员不得接触带电者的皮肤和鞋。

（2）高压触电事故

①立即通知有关部门停电。

②戴上绝缘手套，穿上绝缘鞋，用相应电压等级的绝缘工具拉开开关。

③抛掷裸金属线使线路接地；迫使保护装置动作，断开电源。注意抛掷金属线时先将金属线的一端可靠接地，然后抛掷另一端，注意抛掷的一端不可触及触电者和其他人。

2. 急救处理

当触电人脱离电源后，应依据具体情况，迅速对症急救，同时尽快请医生前来抢救。

①如果触电人伤害并不严重，神志尚清醒，只是有些心慌、四肢发麻、全身无力，或者虽一度昏迷，但未失去知觉时，都要使之安静休息，不要走路，并密切观察其病变。

②如果触电人伤害较严重，失去知觉、停止呼吸，但心脏微有跳动时，应采取口对口人工呼吸法急救。如果虽有呼吸，但心脏停搏时，则应采取人工胸外按压心脏法急救。

③如果触电人伤害得相当严重，心跳和呼吸都已停止，人完全失去知觉时，则需立即采取同时进行口对口人工呼吸和人工胸外按压心脏的人工循环急救。如

果现场仅有 1 人抢救时，可交替使用这两种方法，先胸外按压心脏 4 ~ 8 次，然后暂停，代以口对口吹气 2 ~ 3 次，再按压心脏，又口对口吹气，如此循环反复地进行操作。人工呼吸和胸外按压心脏，应尽可能就地进行，只有在现场危及安全时，才可将触电人移到安全地方进行急救。在运送医院途中，也应不间断地进行人工呼吸或心脏按压抢救。

四、淹溺避险措施及方法

（一）淹溺的定义

淹溺是指受难者淹没在液性递质中引起呼吸障碍，受难者可以存活或死亡的过程。根据世界卫生组织（WHO）的统计，全球每年约有 37.2 万人死于淹溺，意味着每天每小时有 40 人因淹溺而丧失性命。在意外伤害致死的事故中，淹溺事故则成为头号杀手。第一目击者和专业急救人员迅速而有效的抢救可以改变预后。

（二）应急处理措施

①施救者迅速将淹溺患者捞出水面，将患者口鼻内的淤泥等杂物清除干净，同时将衣领、腰带等比较紧的部位松开，保证呼吸道通畅。其次，如果患者配戴假牙等，则应先把患者口内的假牙取出，再将患者的舌头拉直，如果患者嘴巴紧闭，施救者就应该用手将患者的脸颊捏住，从而使患者的嘴巴张开，然后再将舌头拉直。

②施救者要将患者已经进入体内的积水倒出来，积水会储存在患者的呼吸道或是胃部，对患者进行倒水处理可采用抱腹法、膝顶法等，抱腹法就是将患者从腹部抱起，使患者的头部低垂，这种姿势利于患者体内的积水倒出。

③如果患者被打捞出来时就已经呼吸停止，施救者应立即对患者实施心肺复苏，对患者进行抢救。

五、火灾避险措施及方法

（一）火灾的定义

化工行业的火灾事故主要是易燃、易爆等物质在点火源的作用下，时间和空间上都没法控制造成的。火灾形式有 4 种，它们分别是突发火、池火、火球、喷射火，在这 4 种火灾形式中，池火、喷射火都是持续性的火灾形式。企业厂房和仓库的火灾危险性比较高。

（二）应急处理措施

①火灾现场应听从现场指挥人员的指挥，有组织地做好救护工作。

②如有大批伤病员，应快速检出，根据伤情分轻、中、重三类进行救治，尤其是昏迷、休克伤员要优先抢救。

③协助现场消防指挥人员营救被烟火封堵的人员，稳定这一部分人员的情绪，帮助其自救。

④及时通知附近医院和急救中心，准备组织抢救和增援。

六、高处坠落避险措施及方法

（一）高处坠落的定义

高处作业是指在坠落高度基准面 2 m 或 2 m 以上的可能发生坠落的高度进行的作业。结合住房和城乡建设部出台的相关行业标准，在高处作业过程中，因防护措施不当、防护失效或操作失误等导致作业人员从高处坠落的事故，我们称之为高处坠落事故。

（二）应急处理措施

高处坠落造成人体损伤程度与坠落方式密切相关，现场救护因伤害程度不一，处理方法不尽相同，原则上要求果断，及时而稳妥，正确而迅速，细致而全面，切勿慌乱。

一般在条件允许时，向医院求救，尽可能在短时间内得到处理；在条件不允许时，针对不同情况进行不同处理。最严重的是颅脑损伤。头部先着地者，易发生颅盖骨折，双足或臀部先着地者，除了下肢骨折、骨盆骨折，因为力的传递，还可以合并脊椎骨折和颅底骨折。即使颅骨完整，也可以有脑震荡或脑挫伤裂伤，继而发生颅内缺血，或脑水肿、脑疝等致命性损伤。肢体骨折较易辨认，脊椎损伤和内脏破裂发生内出血不易在现场判断。

高处坠落者往往呈现休克、昏迷状态，如发现无呼吸和心跳，应在进行心肺复苏的同时转送医院。如果怀疑有脊椎骨折，切忌使脊柱做过伸、过屈的搬运动作，应该用滚动法将病人滚到担架上，或 3 人同时用双手将病人平直托至木板上。

对颈椎损伤的病人，搬运时要有专人扶托下额和枕骨，沿纵轴略加牵引力，使颈部保持中立位，病人置木板上后用沙袋等放在头颈两侧，防止头部转动，否则可能会造成心跳、呼吸停止。

用车辆搬运时，宜采用足前头后平卧位，或与行车方向垂直平卧，以免下坡或急坡刹车时影响颅脑血流。

七、炸药爆炸避险措施及方法

（一）炸药爆炸的定义

在一定的外界能量作用下，能迅速发生化学反应，生成大量的气体，并放出大量的热的物质统称为炸药，这种化学反应的过程叫做炸药爆炸。

炸药爆炸是一个化学反应过程，但炸药的化学反应并不都会产生爆炸，必须具备一定条件的化学反应才会产生爆炸。炸药爆炸必须具备放热反应、生成大量气体和高速反应三个条件。

炸药爆炸实质上是炸药中的化学能在瞬间转化为对外界做功的过程，化学反应释放出的热是做功的能源，也是化学反应进一步加速进行的必要条件。所以化学反应过程是否释放能量，决定了炸药能否产生爆炸。释放热量的多少是爆炸作用大小的决定因素之一。

（二）应急处理措施

①发生爆炸事故后，应快速判断现场安全状况，尽可能避开烟尘、着火、坍塌、坑洼等地撤离转移至安全区域。

②根据现场情况尽可能进行自救和互救，并立即向现场管理人员报告。

八、锅炉爆炸避险措施及方法

（一）锅炉爆炸的定义

锅炉爆炸是指锅炉承压负荷过大造成的瞬间能量释放现象，锅炉缺水、水垢过多、压力过大等情况都会造成锅炉爆炸。锅炉泛指使用工作压力大于0.7标准大气压、以水为介质的蒸汽锅炉（以下简称锅炉），但不适用于铁路机车、船舶上的锅炉以及列车电站和船舶电站的锅炉。

（二）应急处理措施

扑救锅炉爆炸的灾害事故，要紧密结合实际情况，根据现场的灾害等级采取相应的处置措施和扑救方法。

1. 迅速组织侦察、掌握现场情况

消防队到达现场后，要迅速组织火情侦察，并重点查明以下情况：

①在爆炸燃烧波及范围内受伤人员的数量、位置、状态，救人的途径和方法。

②爆炸后对邻近设备、管道、建筑的威胁情况。

③着火爆炸单位采取的措施情况。

④发生第二次爆炸的可能性。

2. 积极抢救人命、稳定群众情绪

①依照灾情、伤员的数量以及区域等状态，第一时间救人。

②部署警戒标识，加强侦察，对邻近建筑物搜救工作应当同时展开。

③探讨搜索区域，知晓小组分工，依照精准的方案实施操作。

④在伤员所处区域混乱，无法发现所处区域的时候，需要让知情人协助。

⑤对伤员需要进行现场以及应急处理，之后运往医院治疗。

3. 不得盲目出水，谨慎灭火

①锅炉着火后，其潜在的危险性比较大，如处置不当，就会引发爆炸，遇着火时，应让其稳定燃烧，协同单位工作人员，采取减少燃料的方法放空压力，用技术手段灭火，同时保护好毗邻建筑，但不得向锅炉盲目出水。

②锅炉爆炸后，飞火对周围建筑有一定的影响，但基本上可以采用人工扑救，现场炉膛温度比较高，有的呈开放式，此时切记不得盲目出水，防止喷溅伤人，在实施抢险救援时，对炉膛附近的火可以通过二氧化碳以及喷雾水进行灭火操作。

4. 重视防护、防止伤亡

①战斗员应加强个人防护工作，特别是面罩、披肩要放下，充分利用好地形地物，防止爆炸造成人员伤亡。

②锅炉爆炸后，现场温度较高，应带好防护手套，防止烫伤。

③当现场发生再次爆炸、倒塌征兆时，应采取避险措施。

第二节　化工事故应急救援与现场处置

一、化工事故应急救援

（一）应急救援的任务

1. 控制危险源

对化工事故开展应急救援时，首要任务之一就是要快速有效地控制事故的危险源，只有及时有效地控制住危险源，阻止危险化学品继续外泄，控制事故的进一步扩散，才能更好地开展救援工作。控制危险源的方法应结合事故发生的地点、有毒化合物的种类、承载有毒化合物的载体、当时的天候气象等因素选择不同的方法进行控制。比如，在生产过程中发生有毒化合物泄漏时，应及时关闭阀门、停止作业，条件允许时，应采取改变工艺流程、局部停车、打循环、减负荷运行等方法进行处置；又如，在储存危险化学品的容器发生泄漏时，应及时修补和堵塞裂口，或转移危险化学品，阻止危险化学品的继续泄漏。在对泄漏口进行修补和堵塞时，其成功的关键取决于堵漏的危险程度、泄漏孔的尺寸、泄漏点的压力、泄漏物质的特性等。

2. 抢救受害人员

在应急救援任务中，抢救受害人员是其中的重点任务之一。在现场救援时，应根据救援现场的具体情况，按照现场指挥员的统一组织，快速、有序、科学地对受害人员实施急救，并及时将伤员转送到安全区域接受治疗。抢救受害人员的工作组织是否有序、救治是否到位将直接关系着事故最终的人员伤亡率和损失程度，也影响着事故等级的最终评定。

3. 组织群众防护与撤离

化工事故往往是在没有任何预照的情况下突然发生的，发生事故的时间、地点也是复杂多样的。发生事故后，在极短时间内很难得到相应的处置，并且由于天候气象的不同，通常会导致下风方向上出现大量的危害气体及粉尘，扩散迅速，低洼地段会出现有毒液体等。也就是说化工事故一旦发生，将会造成极大危害。这些势必导致救援行动涉及面广，牵涉部门多，因而，在组织此类事故救援时，涉及的部门应快速派出人员，在现场指挥部的统一指导下，根据事故危险的范围，采取先污染重的区域后污染轻的区域、先距污染源近后距污染源远的顺序组织群众先防护后撤离，撤离方向尽量选择上风或侧上风方向。在组织群众离开污染区的过程中，要适时指导群众展开自救、互救，以最大可能降低群众受伤害的程度。

4. 实施侦察、化验和监测

应急救援力量到达事故现场后，应根据现场临时指挥部的指挥，及时派出相关部门的检测分队，对事故现场进行快速检测和化验分析，如果是应急救援分队，现场可能没有成立指挥部，此时救援分队指挥员要立即派出侦察小组实施侦察等工作。在现场侦察时，通常只能确定危险化学品的大致类别、查明污染大致范围、确定污染源的大概位置等。对毒物的具体浓度、毒物对人员的伤害程度、具体的污染范围及毒剂种类等，要通过现场取样并送有关部门才能进一步分析。同时应急救援力量在现场应及时监测污染物对空气、水源、地面的污染情况，随时监控污染范围及污染程度的变化，为救援指挥部提供参考。

5. 现场洗消，消除危害后果

对化工事故现场及下风方向，应结合风速、地形及毒物的性质，组织救援力量实施洗消及清除。组织专家组评估环境污染状况、分析事故原因、估算危险后果、查明人员伤亡等。

（二）化工事故应急救援的形式

1. 化工企业或化工厂自我救助

化工企业或化工厂的自我救助是化工事故应急救援中最基本的部分，当然这个应急救援形式也是非常可行的。因为化工企业或化工厂最了解事故发生前的现场状况，就算是事故的发生令所有人措手不及，整个事故的范围又随之向周边地域扩大开来，化工企业或化工厂也必须要采取自救行动，尤其是对事故源头的控制。

此外，化学产品的特殊性质，使得其生产、运输、保存、使用都需要专业的队伍来管理，尤其是化工事故的应急救援，更需要专业的人员来组织开展，所以说，化工企业或化工厂必须培养自己的专业人才队伍，做好专业的售后保障，除去国内不说，有的化工企业在国外也有化工厂，如若国外的化工厂发生事故，也可以第一时间与国内化工企业专业人员取得联系，获取事故发生的所有信息，组织开展远程自我救助工作。

2. 社会方面的救助

国家及政府相关部门已经针对化工企业的化工事故，成立了一套较为完整的应急救援管理体系，并在各个化工区域成立了专门的应急救援管理指挥中心，同时还配套筹建起了专门对应救援管理的医疗抢救机构，包括化工事故紧急救援、应急预防咨询热线电话、网站等必要的保障。

二、化工事故的现场处置机制

（一）应急运行机制

1. 应急预警机制

危机生命周期的第一阶段即危机酝酿期，其对应的管理机制主要是应急预警机制。而应急预警环节是指在重大化工安全事故发生时，从化工企业作业环境监测到主体工作人员发现险情报警处理到制订应急预案所进行的应急准备过程。它是应急管理的首要环节，也是防止事故恶化的第一防线。应急预警环节主要包含以下几个关键步骤。

第一，报警。化工企业内部现场工作人员在发现事故险情后，及时将现场情况上报到企业管理层，包括但不限于事故发生原因、时间、地点和人员伤亡等。

第二，上报信息、信息反馈。化工企业内部管理人员在收到报警信息后，立即整合所有已知信息，根据事故严重程度分别上报到企业内部应急中心和地方应急指挥中心；同时根据事故进展，将事故的实时信息反馈到各有关中心部门。

第三，先期处置。在上报和反馈信息的同时，在现场应急指挥小组未成立之前，当事化工企业根据已知信息迅速组织应急人员进行早期的现场处置，以控制事故的持续恶化影响。

第四，专家决策。应急指挥中心相关专家根据早期事故报警信息和现场勘查信息进行事故类型规模分析，根据事故严重程度和波及范围商讨确定本次事故的应急等级，同时为本次事故制订应急预案，为后续响应救援提供支持。

第五，信息发布。公开发布当前事故信息，保证大众的知情权，避免引起群众的恐慌情绪。

2. 应急准备机制

危机生命周期的第二阶段即危机爆发期，其对应的管理机制主要是应急准备机制。而应急准备环节是指在重大化工安全事故发生时，化工企业为事故应急响应过程的顺利开展而进行的前期决策准备过程。它是应急管理的基础环节，应急准备环节主要包含以下几个关键步骤。

第一，成立小组。化工企业和应急指挥中心在对反馈信息进行分析后，组织成立由企业内部人员与指挥中心人员共同组成的应急指挥小组，负责后续实时信息分析与应急资源和应急队伍的指挥调度，同时为事故后续救援环节多部门协助等工作的协调处置做好前期准备工作。

第二，完善预案。应急预警环节的应急预案是专家根据事故当前情况制订的，后续事故随时会因不定因素出现意外情况，专家人员根据事故的不断进展，及时更新完善适当的等级应急预案，为应急响应环节做好前期准备工作。

3. 应急响应机制

危机生命周期的第三阶段即危机扩散期，其对应的管理机制主要是应急响应机制。而应急响应环节是指在重大化工安全事故爆发中，化工企业和各应急部门依据预案内容所进行的救援过程，它是应急管理的核心环节，决定了救援的整体效率。应急响应环节主要包含以下几个关键步骤。

第一，执行预案。在应急准备环节的完善预案的基础上，对化工安全事故进行相应级别应急预案的执行，包括对各种应急资源的调配和事故现场的控制。

第二，救援行动。根据事故的发展趋势，事故应急指挥小组进行统一的指挥调配，通过协调政府资源和社会各界力量对事故现场的人员和工程设施开展救援行动，同时针对化工企业特殊作业环境开展监测工作，以防止二次事故发生，并对事故现场周围环境开展保护工作。

第三，态势评估。通过对现场救援信息的实时反馈，专家成员对事故的发展态势进行判断：事故得到控制，则解除事故警报，进入事故善后处置阶段；事故未得到控制，则响应升级，及时调整应急预案再次响应救援。

4. 应急恢复机制

危机生命周期的第四阶段即危机恢复期，其对应的管理机制主要是应急恢复机制。而应急恢复环节是指在重大化工安全事故救援行动结束后，化工企业和地方管理部门联合成立事故调查组，进行事故善后处置并开展事故原因调查的过程，它是应急管理的关键环节，对应急救援行动的经验总结与整体评估具有重要作用。应急恢复环节主要包含以下几个关键步骤。

第一，善后处置。事故救援结束后，成立调查组对事故发生原因进行调查并形成事故调查报告，追究当事企业和管理人员的责任或处罚；同时对事故引发的舆论进行分析，为防止舆论发酵对当事企业和个人产生影响，对舆论进行快速处置；并组织医疗机构进行伤员的后续救治工作，组织工程部门进行事故现场的设备检修维护工作，组织环境部门进行事故现场的后续环境整治、保护工作。

第二，总结评估。应急指挥小组对事故的发生原因、应急管理的各环节进行综合评定，对资源利用情况、部门配合情况、救援效率等进行评价，用以总结应急管理的经验教训，为后续事故的快速响应处置提供经验支持。

第三，建立案例档案。以本次化工安全事故为典型案例，将事故信息引入突发事件应急管理档案库中，以便后续发生相似事件时，相关部门能借鉴案例经验进行前期的快速处置。

（二）应急辅助机制

1. 应急监控机制

应急监控机制贯穿于应急管理的全过程，其初始作用于应急预警环节，通过对当事企业事故现场的各类信息进行监控，得到的反馈信息能够对预案的编制起到参考作用，同时也可确保应急管理人员在后续救援环节能够获取实时有效的信息。应急监控机制主要包括对企业安全信息、内外环境、安全设施和应急资源的监控。

2. 应急保障机制

应急保障机制同样在应急管理的全过程中均适用，其主要作用于应急响应环节，通过对应急预案执行过程的保障，能够确保后续救援行动的持续有效开展。应急保障机制主要包括对应急资源、应急通信、秩序安全、法律法规和医疗救援的保障。

三、化工事故现场处置策略

（一）建立应急救援联动作战指挥体系

1. 完善应急决策协调机制

因为化工事故的灾情很有可能进一步演变为复合型事故，所以在进行应急操控的时候，必须考虑到复合型事故的处理方法。在我国，不仅国务院设立了应急管理部，各基层区域也建立了应急管理中心。这类应急管理中心在事故发生时扮演了一线战斗者的角色，假如不能与其进行充分协商决策，就会导致事故影响范围急剧扩大。针对消防、安检等部门进行职责整合，也是我国在应急管理方面需要改进的地方。

2. 健全应急管理专业职能部门

条块式管理是目前政府的日常管理状态，即在既定的权利与责任界限、职能分工下开展工作，这一模式能为政府高效管理日常状态提供有力支持。但是，如果发生紧急危机事件，食品、医疗等问题便会接踵而至，条块式管理便不再适用，为此，政府部门进行通力合作的必要性也就不言而喻了。

一方面，需要强化突发公共事件应急处置总指挥的首要指挥权，避免出现部门各自为政、多头指挥的应急处置混乱局面，进而优化中央以及上级领导小组的辅助协调作用，避免因越级指挥和不了解潜在地方行政特征等原因造成的事态恶化；另一方面，需要优化与主体赋权相对应的群体性事件应急预案体系，以群体性事件的异质性特征为依据，根据预案规定的群体性事件响应层级明确群体性事件应急处置的责任主体，科学赋予主体权利。

3. 健全联勤网络，形成救援合力

我国有关紧急救援的相关条例中明确指出，要把政府职能部门及民间救援组织等充分结合，归入省级救援团队的训练体系当中，听从调度，统一行动。把通信运营商、能源、高速、机场、民航和铁路等所属的救援队当做补充，统一调度，制定任务统一分配、力量统一调动、资源共享、信息共用的实施办法和具体措施，一旦发生紧急情况，各方都要快速结合，发挥各自的独特优势，形成超强的救援能力。

（二）完善应急预案体系，加强应急预案演练

健全应急预案体系，保障应急响应工作，实现化工厂和化工企业应急预案对接，完善化工企业与周边居民区的应急疏散联动预案，对重点化工企业应急预案与化工园区总体应急预案要进行对接审查、建档，总体应急预案和专项应急预案均应审查报批实施。针对火灾爆炸、危化品泄漏、中毒（氯气、氨气）、公用管廊天然气管线破裂、危化品运输车辆泄漏等突发事件制订专项应急预案，化工园区的总体应急预案和专项应急预案要和交通、消防、医疗等各部门的专项应急预案，以及供水、供电、天然气等公用工程专项应急预案进行衔接。

化工园区和化工企业要根据应急预案实施效果对应急预案定期进行评审和完善，化工企业要在化工园区总体应急预案的基础上对化工企业应急预案进行修订

和完善，并定期组织应急救援预案演练，切实提高园区的应急救援能力。加强对应急演习的计划、管理，在现有应急能力和工作基础上，对预案演习规模、类别、科目、演习形式（桌面、实战等）和时间予以安排。化工园区管委会可以制订应急预案演练年度计划，统筹确定年度应急预案演练重点，组织开展企业间协作的应急预案演练。化工企业根据园区应急预案演练年度计划制订相应的计划，便于应急预案演练工作的顺利开展，提高园区整体应急预案演练效果。化工园区和化工企业要对应急预案演练及时总结，并作出评估，对发现的不足和存在的问题，应在预案修订中予以改进，使预案逐步完善。

强化应急队伍建设和应急物资储备。不断加大投入，优化化工园区专业应急救援队伍年龄结构和知识结构，打造一支力量强、反应快、能力优的应急救援队伍，提升园区突发事件的应急救援能力。加强化工园区和化工企业的应急物资信息共享，一体化推进化工园区应急物资储备，优化应急物资的调配使用机制，在减少资金投入的同时提升应急物资的使用效率和使用效能。

（三）加强应急管理保障体系的建设

1. 推进应急管理科技信息化

（1）应用机器人协助危险环境救援作业

化工事故大多数情况下还有放射、腐蚀、毒害、爆炸和燃烧的危险，这会对救援者的人身安全造成威胁。机器人可以借助其自身的携带、抓握以及行走功能，在操控者的精确操作下进入事故现场，可以从很大程度上帮助或代替人工操作，降低人员受伤的风险。

一些机器人具有人机交互功能，不但可以听从操作人员的调度，还能够根据事先编排好的代码进行独立救援，一些机器人甚至已经代替了人工，走向了各行各业，因此，在化学危险品的事故发生时就急需引入机器人资源。然而机器人也有一定的劣势，例如，遥控的距离不好把握、行走的方式是履带式还是轮带式、携带水平的高低难以操控，等等，该怎样将现代化的机器人运用到灾难现场，使之更好地为人类造福就是当下研究者的主攻课题，也是机器人救援的主要研究课题。

（2）搭建应急指挥协调作战信息系统

以大数据为支撑，建立起应急协调指挥机制。增强信息化保障，提高重大事故安全源头预警监测能力，统筹推进装备配备工作，应对灾情要做好预防，科学防控，将危险扼杀在摇篮当中。

消防中心应作为救援的核心环节，打造纵向发展的区级、市级、省级三级联动应急作战指挥中心。应急管理部要发挥各系统的特有优势，打造应急救援"一张网"模式，构建出听从政府领导、多方综合协调、主动出击、高效合力的战斗体系。

2.组建应急管理专家小组

应急管理工作具有超高的综合性，往往需要考虑多种因素的影响，所以要充分发挥专家学者的智囊作用，引入科学的理念，实现"全过程、全要素、全灾种"的应急处理。人民政府要建立健全有关专家学者团队的聘用制度，全面科学地规范专家组的工作，尤其是聘请那些具有丰富经验的人员来担任专职的指挥专家，邀请不同领域具有丰富经验和高级职称的人员来担任兼职指挥专家。如果出现了重大事故，则应根据不同的需求，选择专职或兼职的专家迅速组成专家组，火速赶往现场，为救援提供理论指导。在日常工作中还应开展业务指导培训、案例研判、灾情研讨以及预案审核，等等。

3.加大应急资金保障力度

各级政府要完善经费保障，加大关于资金使用、社会援助和政府投入的管理，积极吸纳投资，争取获得上级政府的重视和支持，提高救援装备、救援经费的投入比例，加大基础设施的完善力度，积极谋划政府管理下的救援团队建设，在科技、机制、设备、资金和人才方面提供保障。不同层级的应急管理人员应该协调多方力量，争取更多的政府资源，全力打造应对事故和灾害时启动的专项拨款保障机制。打造以省为单位的基金会，在法律范围内动用社会力量，接受社会各界的积极监督。

4.完善应急物资储备管理

全力提升保障物资的水平，从过去的单一结构逐渐向多元结构转变。政府应急管理中心要全力打造应急方案和物资保障机制，打造能力储备、合同储备、实物储备充足的储备空间，保证在事故发生时可以"用得上、调得快、拿得出"。

首先，要完善自主保障机制，明确"任务—风险"导向的救援流程，将储备品的数量、结构和品种进一步优化，确定不同风险等级下的应对流程和模式，对其进行标准调配、模块储运和功能配置，大大提升救援调度的实效性和针对性，使之从滞后性逐渐向预判性转变。

其次，要进一步加强人民政府的支持力度。要把应急救援中心的物资需求纳入各级政府财政救援物资的调度当中，进一步提高应急资源在跨区调度和紧急征用方面的工作效率，及时与当地工信部门取得联系，在合适的时机将全省的物资科学调配，采取水上、高铁、航空一体化的模式将物资精准投放，打造快速运输平台。

最后，要提高社会保障的能力。加速建成应急救援物流平台和应急资源储备中心，同灭火药剂、特种车辆、物流运输等储存、销售、生产救援物资的企业签订各种代工代储以及救援服务的协定，在没有事故发生的时候由厂家代为保管，一旦发生事故则要快速供应，实现高效救援。

四、化工事故的预防及对策

（一）化工事故预防基市原则

美国著名安全工程师海因里希（Heinrich）早在 20 世纪就针对工业行业的事故提出了四种有效的解决办法，后来被人们归结为"3E"原则。

①工程技术原则。工程技术原则就是运用工程中的一些技术手段来消除潜在的危险因素，从而达到机械设备和生产工艺的安全条件。

②教育原则。教育原则就是通过对企业内员工进行安全知识和安全文化培训，使其树立安全思想，从而掌握生产过程中的一系列安全生产所必备的技能和知识。

③强制原则。强制原则就是通过相关的法律法规、安全规章制度的建设，来约束员工生产过程中的操作行为，以此来达到企业安全生产的目的。化工事故的预防同样也是应用工程技术、教育及强制的手段来降低事故发生的概率。例如，通过采用相应的工程技术手段对化工装置进行合理的优化，并运用危险与可操作性研究法，对化工装置进行危险性评价，根据评价结果对负责该装置的操作人员进行一系列的安全教育培训，并下发有关的安全规章制度，以此形成一个健全的安全管理体系，以便更好地对化工装置、操作人员和工艺流程进行科学化管理。

（二）化工企业事故预警系统的工作流程

由于化工企业的行业特殊性，其所发生的事故大多是较大事故，且发生事故后造成的影响是十分严重的。在针对化工类企业的安全上，要以预防为主，杜绝一切能够发生事故的危险源。为此建立了相应的事故预警系统，来对企业的安全事故进行预防。

为使化工类企业的事故预警系统能达到预期的效果，地方安全管理部门成立了安全预警中心，增加了预警管理职能。对于行业管理层面，各个化工类企业要实时监测化工企业安全生产监控信息是否及时和准确。当事故预警系统运转时，企业应将所有信息反馈给安全预警中心，企业的安全管理报表由安全预警中心定期或不定期上报，同时上报安全预警中心采取的预控措施。

其中安全预警中心具有以下四个功能。

第一，当诊断指标处于一个正常状态时，不会进入预控管理的阶段，监测将继续进行。

第二，当系统内出现问题时，相对应的指标处于警戒状态，并根据警戒状态的信息提出相应的对策方案给化工企业的决策层，再从决策层下达指标到各个基础的职能部门进行相对应的安全管控，直到系统恢复正常状态。

第三，当系统的诊断指标处于危机状态时，将进入危机管理系统，通过安全预警中心的信息采集，给出相应的处置危机的对策方案，并且组织相关人员进行实施。这个时候危机领导小组将会取代决策层管理人员的位置，负责整个危机状态下的人员组织管理，以便采取最高效解决危机的措施和手段，直至危机解除。

第四，安全预警中心也同样负责监测各个企业的安全预警状况，以及整个地区化工事故的预警状况。

（三）化工事故的对策建议

本节通过对我国近十年所发生的化工事故的原因分析，给出针对化工生产企业的以下几点对策和建议。

1. 科学规划及合理布局

在化工生产企业的选址上，一定要严格遵守国家的法律法规，注意对环境的影响，注意对周边居民的影响，跟居民区保持一定的安全距离，注意风向水源等可能造成泄漏污染的因素；同时在厂内的机械设备间的布局位置也要具有一定的科学性，既要保证反应的工艺流程能够无障碍地运行，又要控制好机械设备之间的安全距离，要遵循的原则就是在发生事故后不会因空间紧闭而造成连锁事故的发生。

2. 严把建厂"审核和设备选型关"

在化学反应的工艺车间内以及储存罐区，根据应急管理部给出的化工生产企业的法律法规，要设立相应的防火防爆防泄漏的措施，以及一系列的应急处置装置；同时为了消除设备所带来的危险隐患，在设备以及工艺流程上，应选择符合国家安全标准的、耐高低温、耐腐蚀、防火防爆、气密性良好的生产设备。

3. 加强对化工生产设备的管理

要对化工生产设备进行实时监督，因为化工行业本来就属于一个易发生事故的行业，其中的一些危险化学品极容易对化工生产设备产生较大的影响，发生化学反应时释放的大量热量以及化学品自身所带有的腐蚀性，都会对设备的本体造成一定的影响。因此要对化工生产设备上的这些可能发生事故隐患的因素做好日常的安全评价工作。

4. 落实安全生产责任制并杜绝责任事故

化工生产企业一定要各级分配好所承担的安全责任，从上级领导到管理人员，要遵循国家对化工生产企业所下发的一些法律法规文件，认真地阅读并实施相关的安全管理规定。明确落实安全生产责任制，强化安全生产管理，加大对安全生产的检查执法力度，避免因管理松懈而导致事故发生。通过这种安全生产责任制的落实，能够加强企业对安全管理环节的完善，从而在根本上避免事故的发生。

5. 强化教育培训且做好事故预案

从企业的领导层和管理层下至施工作业的员工，都要做好安全文化教育的培训。尤其对化工生产的从业人员，一定要加大教育培训力度，提升员工自身的安全知识理念，并且培养员工在事故发生后应急处置的能力，防止小事故化为大事故的情况发生；同时还要在平时做好事故的预案，组织员工进行消防演练、事故应急处理演练等，提升员工的在事故下的应变能力。

6. 严格安全操作

在化工生产企业中，操作员工一定要根据化学工艺流程的规定，严格要求自己的操作规范和工艺流程的工艺纪律，杜绝一切不符合安全规章制度的违规违法操作，这样才能够使化工生产企业在高效生产时，既能保障员工的自身安全，又能达到安全生产的标准。

7. 强化安全生产检查

化工生产企业要定期组织相关的安全检查，并且进行安全检查的人员一定要持有相关化工行业安全工程师的资质证明。对于安全检查中所发现的一些安全隐患问题，化工生产企业一定要第一时间进行相对应的整改，消除安全隐患的存在，以此来防止事故的发生；同时化工生产企业也要重视日常检查工作，将企业中一些明面上的跑冒滴漏等问题进行处置，并要制定一系列的预防控制措施，以保证安全生产的有序进行。

第四章 化工生产职业病危害与职业病防治

化工企业使用的原辅材料种类多、化学反应过程复杂，有的生产过程控制难度大，作业环境中会产生各种有毒有害化学品。从事化工生产的生产人员及管理人员会接触到不同程度的有毒有害物质，可能会导致劳动者急性中毒或身心健康受到不同程度的影响，导致职业病的发生。因此，相关企业应在了解职业危害的基础上加强劳动保护，保障工作人员的健康与安全。本章分为化工生产职业病危害因素与职业病、化工生产职业病防治主体与防治措施两部分。主要包括职业病危害因素、职业病防治主体等内容。

第一节 化工生产职业病危害因素与职业病

一、职业病危害因素

（一）职业病危害因素的概念

职业病危害因素又称职业性有害因素或职业性危害因素，是在生产环境中存在的各种可能危害职业人群健康和影响劳动能力的不良因素的统称。职业危害因素按其来源可分为三类：一是生产过程中的有害因素，包括化学因素、物理因素和生物因素；二是劳动过程中的有害因素，包括劳动组织和劳动制度不合理、劳动强度过大或生产定额不当以及个别器官或系统过度紧张等；三是生产环境中的有害因素，包括自然环境中的因素、厂房建筑或布局不合理以及不合理生产过程所致的环境污染等，这些职业病危害因素在行业或工作场所中往往繁多、复杂，并不是单一存在的。近年来，我国很多行业中的技术、设备在不断地更新换代，新的职业危害因素也随之出现，为了适应当前的国内形势，2015 年我国对《职业病危害因素分类目录》进行了调整，将职业病危害因素分为粉尘、化学因素、物理因素、放射因素、生物因素和其他因素，共 6 大类 459 种。此次调整涉及的职业病危害因素更加全面，分类更加科学合理。

（二）职业病危害因素分类

1. 粉尘

世界范围内约有一亿劳动者在受到生产性粉尘的侵害，生产性粉尘对劳动者的健康危害是一个全球性公共卫生问题。常见的生产性粉尘包括矽尘、煤尘、石棉尘和有机粉尘等。人体长期吸入粉尘，尤其是超细颗粒粉尘，会引起呼吸道炎症，甚至尘肺。生产性粉尘的危害主要影响身体的呼吸系统，导致呼吸道疾病的发生，包括过敏性肺炎、哮喘、金属及其化合物粉尘肺沉着病。严重时甚至会导致尘肺病的发生。粉尘对皮肤的影响可造成毛囊炎或阻塞性皮脂炎，严重者会导致脓皮病。粉尘还可透过气血屏障，从而进入血液循环，引起一系列心脑血管疾病，如动脉粥样硬化、缺血性心脏病、心律失常等。生产工人会因长期吸入大量的粉尘，破坏身体的防御功能，从而使粉尘不断地沉积在呼吸道内，最终形成尘性慢性支气管炎及粉尘肺沉着病。应用现有的医疗手段仍不能够彻底根治尘肺疾病，只能通过不间断地和被动地依靠药物来控制病情，从而防止病情进一步恶化。煤工尘肺是我国最严重的职业病，主要包括矽肺、煤肺和煤矽肺三种，是指在生产过程中，因长期大量地吸入矽尘、煤矽尘或煤尘所导致的主要以肺组织不可逆性纤维化为主的疾病。矽肺与煤工尘肺作为尘肺病中最主要的类型，是煤炭作业工人最常见的职业病。工人长期暴露于包括煤尘、矽尘、煤矽尘在内的粉尘中的情况各不相同，罹患煤工尘肺的种类也不尽相同。工人一旦患上煤工尘肺，随着病情的发展，会造成肺部的弥漫性纤维化，劳动者丧失劳动能力，生活质量得不到保障，严重影响身体健康甚至危及生命安全。

2. 化学因素

由于化学有害物质结构复杂，种类繁多，常见的物质有铅、汞、锰等无机重金属，苯和苯系物等有毒有害有机溶剂、有机磷农药等有机类化合物。

有机溶剂具有易挥发、脂溶性等特点，极易通过呼吸道进入人体内，约有 40% ~ 80% 滞留在肺内。因其具有脂溶性，有机溶剂常分布于脂肪丰富的组织，尤其是肥胖工作者接触后，机体更容易吸收、储蓄并且不易代谢排出。

其中，苯类物质如苯、甲苯、二甲苯常作为一种重要化工原料主要用于制造燃料、药物、农药等，还可用作化工生产的中间体，作为溶剂或稀释剂用于油漆、喷漆、橡胶、皮革等工业，也可作为汽车和航空汽油中的添加成分。苯在工业生产中使用更为广泛，如在塑料加工制品、有机合成及印刷工业中用苯作溶剂，在喷漆行业中用苯作稀释剂。苯及其苯系物主要存在于生产环境的空气中，且大多以蒸汽的形式出现，对机体的危害途径主要是经呼吸道进入人体内，主要分布在骨髓、脑及神经系统，尤以骨髓中含量最高，约为血液中的 20 倍。慢性苯中毒主要是破坏骨髓造血功能，表现为抑制造血及诱发白血病。早期中毒白细胞与中性粒细胞数持续减少，在个别患者中也可见血小板和红细胞数减少。患者有易感染和（或）大量出血倾向，并继发全血细胞数减少等再生障碍性贫血、骨髓增生异常综合症和白血病。苯及其苯系物是公认具有血液毒性和遗传毒性的致癌物，国际癌症机构已将其列为 I 类致癌物。

除此之外，铅、汞及其化合物也对人体危害极大，我国是世界范围内，仅次于日本的第二大锂电池生产国，在电池制造行业，接触的主要职业病危害因素为铅、汞等化合物，可经呼吸道、消化道皮肤等途径侵入人体，分布于全身各脏器和组织，主要集中在肾脏。汞蒸气可以通过血脑屏障，可引起神经系统损伤，导致出现头晕、呕吐、神志不清等症状，严重时可引起中毒性脑病。

3. 物理因素

常见的物理因素包括噪声、振动、异常气象条件、气压和非电离辐射（可见光、红外线、紫外线）、电离辐射（X 射线）等，其中噪声是我国主要的职业危害因素之一。生产性噪声通常是指，机械设备的机械转动、工件之间的相互撞击与摩擦、工厂的气体排放等过程中产生的噪声。生产性噪声已经成为我国非常常见的一种职业危害因素。噪声性耳聋是由于长期暴露在噪声环境下，造成渐进性的听力损失或短时间内遭受高强度的爆震或声音刺激导致的感音神经性耳聋。噪声性耳聋已经成为我国第二大类职业病，我国已经将噪声性耳聋列为国家法定职业病。

噪声产生的危害主要包括特异性损伤和非特异性损伤两个方面。特异性损伤主要是指生产性噪声对听觉系统造成的损害。非特异性损伤主要是指生产性噪声对非听觉系统，如心血管系统、免疫系统、神经系统等造成的损害，除此之外，生产性噪声的损害还包括对劳动者的情绪、睡眠和工作效率的影响，可进一步诱发高血压和冠状动脉粥样硬化性心脏病等有关疾病，并可对精神卫生状况造成影响。

4.放射因素

在众多的职业病危害因素中，放射因素应是最为严重的危害因素，并且随着医学的不断发展，放射介入治疗在核医学中会得到更广泛的应用。而放射介入工作人员，经常会接触到 X 线，由于长时间、连续不间断地处于超剂量的电离辐射环境中，容易对皮肤、骨髓、性腺及晶状体造成伤害，还会出现抑制骨髓造血等一系列危害从业人员身体健康的现象，甚至会使人眼睛的晶体发生混浊情况，甚至最终出现放射性白内障。紫外线常被用作医学上的杀菌工具，但紫外光很易于被皮肤的上皮组织和人眼角膜所吸收，引起皮下红斑和人眼角膜的上皮的破坏等。若接触时间过长，可导致上呼吸道感染、哮喘和皮肤癌等恶性病变。

职业病危害因素的存在是导致职业病发生的直接原因，如果企业员工长期暴露在职业病危害因素持续超标的工作环境下，职业危害因素可对人体的多个系统和器官的健康产生影响，引起尘肺病、噪声性耳聋、白血病、高血压和多部位肌肉骨骼疾患等。为保证企业职工的身体健康，企业为职工在岗期间定期进行职业健康检查尤为重要，通过健康检查，能够清楚地了解职工的健康状况以及相关职业禁忌证，可以合理地调配职工的工作岗位，尽可能地减少职工的健康损害。因此，各类企业应该按照《中华人民共和国职业病防治法》（以下简称《职业病防治法》）的相关规定，制定与职业病相关的职业病健康检查制度，保障企业职工的人身健康。

二、职业病和法定职业病

（一）职业病的概念

1.广义职业病

职业病危害因素对人体有着严重影响，当其浓度、强度和作用时间未超过人体代偿范围时，仅表现出人体功能性改变；当其浓度、强度和作业时间超过人体代偿范围时，呈现出人体难以代偿的功能性损害和器质性病变，并表现出相应的临床症状，影响个体的行为活动，此种因职业病危害因素而导致的疾病被叫作职业病。

2.法定职业病

按照《职业病防治法》中的内容，职业病指的是事业单位、企业等用人机构的劳动者在工作环境中，由于长期接触危害因素而出现的疾病。或者说，职业病是人们在开展职业活动期间产生的疾病，应当是列入《职业病分类和目录》中，同时展现出明确的职业关系，根据现行相关标准与要求，由专业部门作出明确诊断的疾病。在现行的《职业病分类和目录》中，共涵盖 100 余种职业病类型。

（二）职业病的不良影响

1. 职业病对劳动者的伤害

由于发生职业病的人员基本上都是农民工从业者，他们的工作一般会接触原材料、噪声、工业毒物、粉尘、振动、高温等因素，而且基本上都在矮小的厂房、狭窄和不合理的车间，没有很好的照明，通风情况又不是很乐观。这样长期工作下去，工作人员的听力系统和神经系统都会受到损害。如长期的接触噪声可导致心血管系统疾病发生或加重，进而引起肠胃功能紊乱等。根据相关资料，农民工职业病发病工龄多集中在 20 年以上，平均每个病人每年花费 2 万～ 3 万元。部分患者因为承担不起相应的医疗费用，选择放弃治疗，最后痛苦去世。

而且相比普通病人由细菌、病毒、创伤等非生产因素所引起的慢性疾病，职业病病人有其特殊性，职业病病人在职业活动中因接触职业病因子（包括粉尘、放射性物质、有毒物、有害物质等）而引起的疾病，它并非独立的，在临床上与全科医学多有联系（如内科、五官科等）。职业病病人除了有临床症状、体征外，还有多种心理变化，其社会因素和心理因素对职业病病人的病情有着直接的影响。针对职业病病人的心理变化，只有在心理上进行干预和正确疏导，才能对职业病病人的疾病痛苦的恢复及延长职业病病人的寿命有着良好的效果。

2. 职业病对企业的危害

信息社会，资讯的传播比流感传播速度快千万倍，当用人企业出现疑似职业病病人时，该企业势必会发生招工难问题。

没有工人，企业就无法投产，企业整年的生产计划将全部被打乱，损失的不仅仅是眼下这些资金，甚至会将企业逼向破产。

企业的生产、加工能力可以反映企业的生产规模。生产能力是每位企业主管十分关心的内容，因此职业病对企业生产具有致命的打击。

3. 职业病对社会的危害

第一，职业病的爆发严重影响了社会的安定。有些职业病病人思想严重扭曲，他们极易走上犯罪的道路。第二，职业病造成了贫困，贫困就会引起社会的动荡不安。最具有生产能力的年轻人，感染了职业病需要吃药、花钱，同时也失去劳动能力、生产价值。社会是由家庭组成的，因职业病的侵袭，受害家庭的孩子因无能力支付学杂费，而辍学在家者多不胜举，或退学照顾患有职业病的父母或其他亲人，因生病而导致倾家荡产。

（三）职业病的危害形势

目前，国内外职业病危害形势不容乐观。就全球而言，工业化进程的加快带动了经济的发展，同时也使得越来越多劳动者的身心健康受到了职业病危害因素的威胁。国际劳工组织 2019 年发布的一份报告显示，全球因工作导致死亡的人数达到 278 万人，这与 2014 年的 233 万人相比增加了约 45 万人。按每天估计，全球每天约 7 500 人死于职业事故和与工作相关的疾病，其中有 1 000 人死于职业事故，6 500 人死于与工作有关的疾病。从国内来看，改革开放以来，我国的工业经济得到了快速发展，随之而来的职业健康、职业病危害等问题逐渐突出，前几十年粗放发展积累的职业病问题也集中显现。

目前，我国已经进入职业病高发和矛盾凸显期，直接表现为职业病报告病例居高不下。国家卫生部数据统计表明，在 2008—2010 年，我国职业病报告病例整体呈上升趋势，从 2008 年的 13 744 例增加到 2010 年的 27 240 例。其中，2009—2010 年的增幅最大，达到了 50%。2019 年国家卫健委在《健康中国行动（2019—2030 年）》新闻发布会上表明，目前我国存在职业病危害的工业企业大约有 1 200 万家，接触各类职业病危害的劳动者超过 2 亿。《国家职业病防治规划（2016—2020 年）》也表明，当前职业病危害依然严重，全国每年新报告职业病病例近 3 万例。另外，随着新技术、新工艺、新设备等的不断应用，新的职业病危害因素不断出现，新的职业健康问题不容忽视。

第二节　化工生产职业病防治主体与防治措施

一、职业病防治主体

（一）卫生健康行政部门及监管机构

卫生健康行政部门在我国职业病防治监管体系中占主导地位，主要负责对辖区内存在职业病危害的企业和职业病防治机构的职业病防治工作开展情况进行监督管理，对于用人单位，卫生健康行政部门主要负责督促、指导、监督各类存在职业病危害的用人单位开展职业病防治工作，执行相应的职业病防治措施，最终落实其主体责任；对职业病防治机构，卫生健康行政部门主要负责对各类服务机构实施行业准入，规范执业行为。各级卫生健康委下属的卫生健康监督机构接受卫健委的委托，作为其执法部门，查处各类主体的职业病相关违法行为。

（二）职业健康检查机构

职业健康检查机构的主要职责是依据职业病防治相关的法律规范及标准，为各类用人单位提供劳动者职业健康检查服务。职业健康检查主要分为上岗前职业健康检查、在岗期间职业健康检查及离岗前职业健康检查。职业健康检查机构要根据相关法规要求对劳动者进行职业健康检查，并判断其职业健康状况。若出现异常结果，职业健康检查机构还应对用人单位和劳动者进行告知并指导处置职业禁忌人员，同时将异常情况报告至属地的卫生健康行政部门。各类机构开展相关职业健康检查需要到属地卫生健康行政部门进行备案。

（三）职业卫生技术服务机构

职业卫生技术服务机构的主要职责是向用人单位提供职业病危害因素现场检测和定期评价的服务。服务机构要取得省级卫生健康行政部门的准入许可，还需获得检测相关计量认证才可开展技术服务。服务机构要按照检测危害因素的项目不同，选择法定的检测方式开展采样检测工作，通过对比国家相关标准中各类危害因素限制要求，判断该用人单位工作场所中存在的职业病危害因素的类别、浓度、强度等是否符合要求。另外，服务机构还需对用人单位的职业卫生管理措施进行评价，针对用人单位管理中存在的漏洞或违反国家相关法律法规要求的内容提出整改意见。

（四）职业病诊断机构

职业病诊断机构是为接触职业病危害的劳动者进行职业病诊断和治疗的机构，由各省级以上卫生健康行政部门予以行业准入。劳动者所患疾病与其接触的职业病危害因素有无相关关系，这是诊断机构作出职业病诊断结果的关键指标。因此，诊断机构在了解劳动者的身体健康状况的同时，还需结合该名劳动者的接触史、历年职业健康检查情况及工作场所职业病危害因素等情况进行综合判断。各职业病诊断机构在诊疗过程中，如有发现确诊职业病的劳动者，诊断机构要将相关信息向当地卫生健康行政部门和社会保障部门进行报告。而劳动者被诊断职业病与否，也与用人单位是否会受到追责处罚、劳动者能否享受工伤社保待遇等直接相关。

（五）用人单位及劳动者

用人单位承担着职业病防治工作的主体责任，是职业病防治各项措施的落实者；劳动者是职业病防治工作的最终受益人，也是职业病防治工作的直接参与者。本书所称用人单位是指雇佣劳动者在各类存在法定职业病危害因素的岗位从事生产工作的单位。本书所称劳动者是指在各类存在法定职业病危害因素的岗位从事生产工作的人群。

二、关于职业病的法律法规要求

（一）对用人单位的要求

《中华人民共和国职业病防治法》（以下简称《职业病防治法》）中用人单位的主体责任主要有以下法定责任。

①用人单位对于从事接触职业病危害的作业的劳动者每年应保障一次免费的体检，并告知其体检结果。

②用人企业或医疗卫生机构对于任何职业病可疑对象应及时向当地疾病预防控制中心报告，申请进一步职业病诊断，同时还要向相关安监部门报告。

③用人单位应保障职业病病人享受国家规定的职业病待遇，包括其在治疗、康复上的费用。

④用人单位除依法对职业病病人有参与工伤保险的义务外，还有民事上的赔偿义务。

⑤如果用人单位有证据证明该职业病是由先前用人单位的职业病危害造成的，则由先前的用人单位承担。

⑥对于疑似职业病病人诊断和医疗救治，用人单位不得拖延，不得设防。不得解除或者终止劳动合同。怀疑患有职业病的医学观察期间的费用，由用人单位承担。

⑦职业病的诊断和康复费用由用人单位负责。

⑧职业病病人如果工作单位变化，应该享受现有的治疗。分立、合并、解散和破产的用人单位，要按照国家职业病病人妥善安置的有关规定执行。

（二）在职业病被确诊之后，劳动者能享受的待遇

①根据国家法律法规规定，职业病病人依法享有职业病治疗的权利。用人单位应当按照国家《职业病防治法》规定对职业病病人进行治疗，如不适合继续从事用人单位原工作的，应妥善安置，不得辞退。用人单位应当对从事接触职业病

危害的作业工人给予适当岗位津贴。若造成劳动能力丧失，则应按照国家有关工伤保险的规定进行赔偿。

②依照有关民事法律，职业病病人有权利向用人单位提出赔偿要求。如果从业人员被诊断为患有职业病，可是用人单位没有按照相关法律缴纳工伤、社会保险的，只有用人单位有证据证明该职业病是因为前用人单位的职业病危害造成的，则相应的责任由前用人单位承担。

③职业病病人工作单位发生变动时，其依法承担的责任不变，并应按照国家的有关规定，给予职业病病人适当安排。

④当工人被诊断为职业病，所在单位应当按照职业病诊断机构（诊断组）的意见，安排其治疗、疗养。医学或护理证实不应该继续从事危险工作的，应在两个月内将其调离原工作岗位，另行安排工作。对于因工作需要暂时不能从生产中调离的技术骨干，调离时间不得超过六个月。除非劳动合同期满或工人提出，否则用人单位不得终止职业病病人的劳动合同。

（三）对企业安全监管部门的要求

安全监管部门的主要职责有以下几个方面。

①负责用人单位的职业卫生监督检查工作，依法监督用人单位贯彻执行国家有关职业病防治的法律法规和标准情况；组织查处职业病危害事故和违反法律法规的行为。

②负责新建、改建、扩建项目、技术改造、技术引进项目的职业卫生"三同时"审查和监督。

③负责职业健康安全许可的颁发管理工作；负责职业健康检测评价技术服务机构的资质认定和监督管理工作；组织、指导、监督和检查有关职业卫生培训工作。

④负责监督、检查和督促用人单位依法建立职业危害因素检测评价、劳动者职业健康监测及相关职业健康检查的管理制度。

⑤负责汇总、分析职业病危害因素检测评价，劳动者职业健康检测等信息，向有关部门和机构提供职业健康监督检查信息。

（四）对职业健康权的法律保障

我国劳动者职业健康权法律保障主要以《中华人民共和国职业病法》为核心，《中华人民共和国劳动法》《中华人民共和国安全生产法》法律法规为基础。此外，《民法典》中补充规定了劳动者健康权益受到损害后的民事法律赔偿条款，

《刑法》中也规定了严重侵害劳动者健康权益的犯罪行为，这些都为保证劳动者健康权益提供了民事、刑事法律保障。

三、职业病防治措施

（一）政府和媒体加强职业病防治宣传力度

1. 企业协同劳动者开展职业病防治宣传周活动

自 2003 年开始，我国每年都开展职业病防治宣传周工作，时间为四月的最后一周至五月一日，宣传周会设置不同的防治主题，2021 年的主题为"共创健康中国，共享职业健康"。宣传与教育是职业病防治工作中最关键的环节，亦是彻底防止职业病发生最有效果的手段。新闻媒体应该加强对职业病防治的宣传教育，除了在全国职业病防治宣传周上要做好宣传工作之外，在平常也应该对职业卫生治理进行宣传。企业作为职业病防治的主体，应当主动联系劳动者，协同劳动者开展职业卫生宣传活动，比如，通过设立企业"职业病宣传日"、开展知识竞赛评选职业病防治知识能手等方式，让劳动者了解职业病防治的重要性，给劳动者创造良好的职业卫生治理氛围。

2. 政府协同企业开展行业内宣传

政府可以出台政策来加大对职业病防治的宣传力度，职业卫生主要管理部门联合当地新闻媒体，采取下企业、开展职业健康培训等活动形式协同企业共同普及职业卫生的防护知识，同时做好企业内职业病防治的宣传教育工作，以提高企业的职业健康观念，增强劳动者的职业健康意识、自我保护能力和掌握行使职业卫生权利的基本方法。政府部门还可以协同企业负责人对企业内负责职业卫生的管理专员定期进行培训，组织专家答疑，采取表彰和奖励的方式，对宣传落实职业卫生工作成绩突出的企业给予荣誉或者实物奖励，在行业内树立企业职业卫生治理的先进典型，组织其他企业参观学习。

（二）发挥工会在保护劳动者权益方面的作用

1. 工会依据法律履行职责

工会是由职工自愿参加组成的群众组织，也是发达国家非政府组织中的常见类型之一，工会已经成为市场经济中调节企业和劳动者矛盾的重要组织。工会除了可根据国家法规所赋予的权力协助劳动者保障权利外，还可指导劳动者与企业约定劳动合同内容、对违规的企业依法要求其承担法律责任等。《劳动合同法》

中规定，职工代表有权对公司在制订、调整和确定与劳动者安全卫生相关的法律事项时进行讨论。2011 年修正后的《职业病防治法》还规定，工会组织可以对职业卫生工作进行监管。该法还增加了企业责任，规定企业建立的有关制度应当听取工会组织的建议；工会也可代表劳动者和企业进行有关职业健康专项的集体合同签订。

2. 工会参与保护劳动者职业健康

工会组织不只是一个劳动者的集合，而应该是具有一定法律地位可以通过法律手段来维护劳动者权益的组织。工会组织应当由专业能力强、志愿性高的人才来带领，工会组织可以协同劳动者对企业进行监督，提醒劳动者签订合同及工作岗位中的风险，通过工会可以对劳动者的职业健康保护建立长效机制，推动企业职业卫生治理的发展。劳动者可以协同工会与企业进行谈判，要求获得更好的福利待遇、提升企业内工作环境等。工会正确行使自己的权力，还可以推动职业卫生相关法律法规和标准的制定，工会与政府相互协同补充，形成完整的技术支持和法律监管体系。工会与企业的联系十分密切，参与工会的人员基本上来自企业，职业病协同防治的受益群体也是企业职工。因此，工会参与职业病协同防治，与政府、企业、劳动者的协同互动非常重要。

（三）企业依法强化主体责任意识

1. 法律规定企业对职业病防治的义务

《职业病防治法》立法的宗旨是保护劳动者职业健康权益，促进经济社会持续健康发展。经历几次修正，《职业病防治法》逐渐加强了企业对劳动者的职业健康负责这一要求，按照《职业病防治法》的有关规定，企业内必须设有职业卫生管理部门，并有专职的技术责任人对企业职业卫生工作全面管理。企业要加强主体责任意识，首先要知法懂法，企业负责人和专职卫生管理者都必须认真学习与职业健康有关的法律法规知识。只有熟知法律的规定，才能够明白企业所肩负的责任和义务。在职业健康管理中，工作岗位是有可能造成职业病发生的重要场所，企业只有做好职业病预防工作，才能从根源上有效控制和减少职业病危害。因此企业在职业卫生治理中扮演着非常重要的角色。此外在企业的用人过程中，如果劳动者发生职业危害，企业是负有举证责任的，即要能够如实地提供劳动者的职业诊断和鉴定等资料，配合卫生行政部门检查。若无法提供相关证据，企业将会在仲裁过程中承担不利的后果。

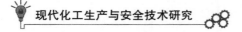

2.企业开展职业病防治利于企业长期的发展

无论是从社会责任的角度,还是从法律风险的角度来看,企业在职业卫生治理中都扮演着非常重要的角色。企业需要积极提升主体责任意识,对劳动者提供职业健康保护。劳动者只有拥有健康的身体才可以在岗位上稳定地工作,企业也才能长期稳定发展。职业病的发生场所在企业内,因此企业应当主动与各个职业病防治主体进行联系。企业可以协同行业协会进行研究交流,对生产线上的工艺进行提升,使用更健康安全的制作材料,减少职业病危害因素的产生。企业还可以协同政府监管部门,根据政府监管部门的指导,对企业内工作场所中职业防护设备和劳动者的防护用品用具进行更新,提升工作场所内的环境和对劳动者的保护措施,减少职业病危害因素对劳动者的影响。企业还可以通过邀请或委托非政府组织的方式对企业内的职业卫生进行管理,对企业管理者和劳动者定期进行职业卫生课程培训和法律知识普及,指导劳动者正确选择和使用职业病防护用品用具等。

第五章 化工生产安全管理
与化工安全生产责任制

现代化工产业的快速发展，为其他相关产业的发展提供了保障。现代化工生产的安全管理是保证化工企业在安全生产的基础上实现盈利的基本诉求，化工生产要根据需求采取可行的安全管理措施，实现化工企业稳步发展。本章分为化工生产安全管理概述，化工生产安全管理目标的制定、实施与评价，化工安全生产责任制三部分。主要包括安全管理概念界定、安全管理体系与技术、安全管理建议、化工生产安全管理目标的制定、化工安全生产主体职责等内容。

第一节 化工生产安全管理概述

一、化工生产安全管理概念界定

安全管理就是对安全对象实行管理，是指管理者在一定的条件下根据安全管理设定的目标，依据事物的客观运行规律，应用一系列科学的管理方法并充分利用各种相关的研究资源，对安全本体活动全过程实施有效管理的活动，是企业日常运营中不可缺少的部分，是一种企业管理方式，是为了实现企业安全生产而组织和使用企业人力、物力、财力等企业内部和外部资源的过程。它利用计划、组织、指挥、协调、控制等管理机能来控制自然界的、人的、管理的不安全因素及不安全行为，避免安全事故的发生，保证日常运营中人、物的安全，保障企业正常运转。安全管理能给企业带来实质的经济效益。企业安全管理是企业管理的重要组成部分，特别是对高风险企业，要求企业有完善的安全管理能力。2021 年 9月新修正的《中华人民共和国安全生产法》中规定，企业应健全安全管理体系，明确安全生产主体责任。规定主要负责人作为本单位安全生产第一责任人并配备数量足够的安全生产管理人员来管理企业的日常运营。安全管理加强，是对企业管理的重要保障，通过安全管理虽然无法将风险和隐患完全消除，但是可以将其控制在企业能接受的范围内，做到对日常运营和企业管理效能影响最小。

化工生产安全管理就是化工企业为保障其正常的生产经营活动，采取多种手段约束人的不安全行为，对与化工生产相关的各要素进行动态管控，不断减少物的不安全状态，在一定程度上减少隐患出现的概率，进一步阻止化工生产事故的发生。化工生产安全管理的最终目的是保障员工的人身安全及身心健康，实现化工企业的安全生产经营。化工生产安全管理是保障化工企业正常生产经营活动的重要环节。

二、化工生产安全管理体系与技术

（一）化工生产安全管理体系

安全管理体系是一种管理方法，是正式的、自上而下的、有条理的管理安全风险的做法，可以用以下几个词来方便理解安全管理体系的定义：安全、管理、体系。它不是一个应用软件，而是一个管理模式，是一套管理方法。区别于平常的安全管理，成型的安全管理体系具有系统性、持续性、规范性的特点，它从过去传统的事后补救改变为事前的预防。安全管理体系包含 4 个主要部分：安全政策、安全保证、风险管理、安全促进。在不同的行业中，安全管理体系的关键构成要素不完全相同，但是基本的 4 个部分是共同存在的。安全管理体系应该和企业发展同步。一是企业内部发展，根据不同阶段的企业发展水平和要求，构建、补充构成安全管理体系的重要因素，制定具体的实施措施。二是外部监管要求，针对剧烈变化的外部政策、管理规定和行业变化、客户要求等情况，也需要逐渐更新"过时"的安全管理政策和流程。安全管理体系应该是一个可持续发展的管理体系，作为企业安全管理的重要手段，应该在企业管理的不同阶段发挥不同的作用，促进企业管理效能的提升。

化工生产安全管理体系的建立需要通过环境管理体系认证、安全生产标准化二级评审、职业健康安全管理体系认证。化工生产安全管理体系主要包含以下九大要素。

①法律法规和行业标准管理。政府机关公布实施的法律法规和化工行业推行的行业标准是公司制度内部管理规定的重要依据。辨识出与本公司安全、环保、职业卫生相关且需遵守之法律法规，结合本公司之生产特性，就相关法规进行法规符合性查验，识别吸收后转变成公司内部管理文件或对原文件进行更新，同时对从业员进行宣导与教育，确保公司安全管理制度和所有经营活动的合法性。

②风险管理。风险管理是公司安全管理各要素中最为核心的要素之一，按照要求在进行与公司生产经营活动相关的所有作业之前，要对整个作业过程进行全流程潜在风险分析和评估，对作业中可能出现的安全风险要制定有效的管理或技术等措施，所有管控措施必须执行到位方可作业。如果作业过程中出现新的安全风险，必须立即停止作业进行整改。公司要根据自身状况制定并及时更新公司可接受风险标准，并严格执行。化工生产对于风险主要从工艺危害和作业危害两个方面进行分析。

③人员培训管理。公司人员培训分为公司内部培训和公司外部培训。公司内部培训主要有新进员工的三级教育培训、各部门内部教育培训等；公司外部培训主要有法规要求的各种证照培训、公司内部设备或管理系统操作和维护技能培训。各单位根据各自部门作业要求建立工作岗位和人员技能培训矩阵表，同时明确各层级管理人员需要具备的管理和工作能力，确保各岗位人员能够胜任岗位工作要求。国家相关法规要求需持证作业的岗位，必须对作业人员进行相应培训，并按法规要求按时复训。公司内部培训应每年制订培训计划，且应建立定期复训制度，同时建立相应的培训考核机制。公司内部作业承揽商也需接受公司入厂前培训，培训合格后才可以进入公司工作。

④生产设施与工艺安全管理。设备设施的完整性对公司的正常运行起关键性作用，同时对公司的安全至关重要，尤其是安全、环保和消防设施的完整性。为确保设备设施的良好运用，公司应建立一些设备管理制度，如备品备件的管理制度、特种设备管理制度、电气设备管理制度等。为提高设备妥善率，减少设备故障抢修，公司还应制定部分设备定检定保和巡检等管理制度，从而进行有计划的设备检修或更换，减少设备突发性故障给安全生产带来的风险，提高设备的安全可靠性。化工企业为了加强工艺管理，确保工艺安全，还应制定生产工艺管理制度。

⑤现场作业安全管理。依据法规要求，对公司内部所有承揽商作业实行作业审批许可制度，对动火、局限空间、高架和吊装四大高危作业进行分级管理，分为二级、一级和特级，不同等级要签核不同层级主管。高危作业需制定详细施工方案，审批之后方可施工。公司内部维修人员至现场作业时实行现场签到制度，确保作业安全，并开展风险辨识，落实安全措施以后才能实施，控制现场作业的安全风险。

⑥从业人员职业健康管理。员工是公司最宝贵的资产，化工企业在保护员工健康上各项制度要齐全。对职业场所进行危害因素鉴定与检测，同时进行持续改

善；为员工提供作业过程中所需要的劳动防护用品，保护员工免受职业病危害；每年对公司所有员工进行职业健康体检，对员工身体健康进行持续关注。

⑦危化品管理。加强对化学品、危险化学品的管理，采取有效安全管制措施，降低意外事故发生的概率，以减轻人员生命、财产损失及对环境的不良影响。

⑧事故与应急管理。各生产单位针对各自流程分析出可能事故，针对可能事故制定应急预案，每个班别每年至少进行两次事故应急演练。对公司重大危险源建立厂级应急预案，每季度由安环部门安排一次重大危险区域的应急演练。成立专职消防队，确保当事故发生时可以最大限度地控制事故的进一步恶化，减少公司损失。全公司应急物资和器材的配备和维护由安环部统一负责。

⑨检查与自评管理。检查与自评是 PDCA 循环中非常重要的两个环节，关系到整个管理体系的良好运行和持续改进。化工企业应每年对安全管理制度及制度的实施效果进行检查和评价，发现问题及时进行纠正，逐步完善安全管理体系，推动安全管理工作向制度化、规范化和标准化前进。化工企业目前在安全设施、重大危险源、危险化学品、个保品、事故紧急处理等方面都建立了一些相应的管理制度，虽然在制度内容上还不够完善，但安全管理体系还算比较完整。

（二）化工生产安全管理技术

化工生产安全管理技术主要是针对化工生产的各要素（人、物及环境等）进行动态管理和控制一种技术。故化工生产安全管理技术根据管理对象的不同，又分为人的安全管理技术、物的安全管理技术和环境的安全管理技术。

1. 人的安全管理技术

根据相关安全管理专家的研究分析，80% 左右的安全生产事故是由人的不安全行为导致的，这说明人为因素对于企业的安全生产影响巨大。对于人的安全管理技术主要包括以下几个方面：第一，对于员工进行可靠性分析。人作为一个独立的个体，每个人都是独特的，并且有着不同的性格特点，有的员工性格开放、有决断力，有的员工则性格较为内向、处事认真负责，有的员工处事冷静、有耐心。化工企业的安全管理者应当对各员工进行可靠性分析，依据各工作岗位的特点安排合适的员工完成相关的工作。对员工进行可靠性分析的方法有观察法（如不同岗位的轮岗实习工作的完成情况等）、问卷调查法（如填写入职问卷、职业分析问卷等）以及面谈法（与职工本人、同事及直属领导谈话）等。第二，对于特种作业人员进行考核。从事化工危险化学品行业的现场工作人员多为特种作业人员。这些特种作业人员既包括常见的配送电人员、金属焊接工人、起重机司机，还包括从事锅炉作业的操作工、化验工以及轻烃压力容器的操作工、检验工等。为保证安全生产，化工企业应当依据国家相关规定制订特种作业人员管理办法，进一步约束特种作业人员从业准则和工作内容。第三，员工安全行为的"十大禁令"。化工企业应当对员工严格要求，员工应切实履行安全行为的"十大禁令"。

2. 物的安全管理技术

对于物的安全管理技术可以总结为以下几方面：第一，对于化工设备的安全管理。化工企业的设备分为普通设备和特种设备，化工企业应当制定相关的设备安全管理制度，特别是特种设备（如压力容器轻烃罐、原油罐及加热炉等），要严格遵守《特种设备安全监察条例》及行业有关规定。第二，对于危险源的安全管理。化工企业应制订重大危险源安全管理制度，对重大危险源区域要安装检测报警装置及监控系统。第三，对于消防器材的安全管理。消防器材要齐全，放置在显眼且不妨碍正常工作的专属区域，便于取用。消防器材应当专人负责，做好定期的检查工作。第四，对于交通安全的管理。化工企业员工应严格遵守"车辆安全十大禁令"，化工企业生产厂区严禁机动车（消防车以及运营维护车辆除外）穿行。第五，对于现场安全的管理。对设备巡检实行"挂牌制"及"打卡制"，保证化工企业设备处于正常运转状态。化工企业应当依据国家相关规定以及实际生产需求制定设备检修及"大修"的现场管理规定。第六，对于废水、废气和废物的安全管理。化工企业依据国家相关规定合理处理废水、废气和废物。具体措施包括：严格坚持清污分流的原则，按照分级控制指标排放废水；对有毒有害气体（如 SO_2、烟尘等）进行监测，使其达到环保要求后排放；将固体废弃物残渣进行分类处理。第七，对于危废品的安全管理。企业应设置危废品的临时存放点，并建立危险废物管理台账，按照相关规定将临时存放点的危险废弃物拉运至指定处理厂集中处理。

3. 环境的安全管理技术

第一，对于静电的安全管理。化工企业消除静电的手段主要有以下两种。较为简单直接的手段是设置金属静电球将静电导入地下或者使用消除器，还有一个根本解决手段是在材料选择、工艺设计等环节采取一定的防静电措施进行工艺控制。第二，对于有毒有害场所的安全管理。化工企业要定期完成各项环境监测任务，特别是可能产生有毒有害气体的场所。第三，对于厂区噪声的安全管理。化工企业的噪声源主要包括加热炉风机运转噪声、压力管道流体、稳后泵和空冷机的噪声等。降低厂区噪声的主要管理办法：一是控制噪声源；二是对部分设备进行隔音、消音；三是采用噪声小的新技术和新设备。第四，对于厂区环境卫生的安全管理。化工企业制定厂区环境卫生管理制度并严格执行相关内容，使厂区保持干净卫生。

三、安全管理建议

（一）人员安全管理方面

人员安全管理是企业安全管理的根本。只有人人懂安全、会安全，企业才能真正安全。为了加强化工企业的人员安全管理，本节提出以下建议。

①成立或指定培训主管部门，建立培训专人岗位，划清主管部门和责任部门的职责清单；修订培训制度，制订培训计划，加强培训考核，确保培训制度和计划真正落地。

②严格按照法律法规要求组织员工体检，了解职工的身体和心理状态，不适合岗位要求的及时调岗。

③全面核查所有员工的学历、专业和培训持证情况，对不符合《全国安全生产专项整治三年行动计划》等文件要求的，采取招聘新员工、换岗、培训、考证等方式满足。企业应根据现有的条件合理安排员工培训，分批次地保障所有员工接受必要的培训；同时要做到与时俱进，积极引进外部的培训人员讲解更具有现实意义的培训内容。关于技能证书的考取，企业也应当根据当地考试政策做出应对，确保企业员工安全地参加各项考试；企业除了为员工提供便利之外，也应适时地推出奖励政策鼓励员工取得技能证书。

④加大安全教育培训力度。为了让全体员工牢固树立安全观念，增强责任感，增强安全意识，杜绝麻痹。应大力开展安全教育和培训工作，使全体员工时刻绷紧安全这根弦，把安全放在生命的第一位，勇敢承担责任，从"要我安全"到"我要安全"，从而防止事故的发生。要将安全生产风险管理纳入安全教育培训计划，要确定培训内容、参加人数、培训时数、责任部门、考核方法、相关激励措施，并对安全措施进行详细说明。对必要人员分阶段、有针对性地进行针对性培训，培养如何有效地进行风险识别、风险分析、风险控制、风险转移等，使员工掌握安全生产风险管理的方法，责任与风险控制能力相匹配。继续加强企业安全管理工作。随着安全生产系统智能化水平的提高，对操作人员技能的要求越来越高，传统的培训方法已不能适应当前的培训要求，计算机技术的飞速发展为员工培训创造了新的渠道，其中操作员培训系统受到越来越多用户的青睐。操作人员培训系统的核心内容是仿真分析技术，即在计算机上模拟化工、石化、炼油企业各种

工艺流程的实际场景，并形成相应的"虚拟工厂"，包括整个生产过程和监控过程，在此基础上，对车间流程和监控流程进行模仿、调整和培训，可以辅助车间情景化培训，特别是针对故障场景。

（二）机器安全保障方面

想要达成安全生产的目的，就一定要提高对安全的投资，维护和提升设备设施的安全性能。随着设备运行时间的不断增加，设备磨损、劣化、缺陷等不确定因素的存在，不可避免地为安全生产积累了隐患。因此，为保障机器的安全性能，结合专家提出的问题，本节给出了如下实施措施。

①对存在缺失、老化、故障的防雷、噪声等设备设施，采取维修维护、淘汰换新的解决措施，并制定维保制度，安排专人定期巡检，发现问题及时解决。

②提高安全设施的资金预算，配备齐全、合格、合法的安全设施设备，对于不符合"三同时"要求和没有经过验收即使用的设备设施，及时进行整改，确保手续合规合法。

③成立企业专班积极解决防护栏杆缺失、孔洞盖板老化、防护罩破损等防护设施的安全风险问题，并举一反三全面检查其他设备设施。

④通过培训、换人等方式提高企业设备管理人员的专业能力，重新修订设备管理制度，加强设备维保，杜绝出现带病运行的现象。

⑤采购自动化监测设备设施，应用数据分析平台，对设备运行状态实时监测分析，发现隐患及时消除。

（三）物料存储和使用安全方面

化工行业的生产过程涉及范围广泛，涉及人员众多，工作流程复杂，为确保生产过程的实际安全，需要建立相应的规章制度、政策规范和操作要求，并实施相对严格的管理办法。从物料管理的角度来讲，安全管理问题显得更加重要。根据发现的问题，可以采取以下措施来加强企业的物料管理。

①全面梳理企业的废弃物明细，根据危险性合理划分类别，分门别类制定处置措施。对于危险废弃物，设置专门的存储场所和运输车辆，选择符合要求的危废处置企业，确保危废处置符合法律规定。加快废弃物周转速度，企业内部应尽可能地减少废弃物储存，降低企业废弃物存储的风险。

②重新核实所有物料的材料安全数据表（MSDS），对于缺项、错误的地方全面改正。组织现场人员学习 MSDS，确保相关人员了解危险化学品的危害、急救举措、消防措施、废物管理及个人防护等信息。

③对于企业拥有的重点监管危险化学品，加强日常安全管理，安排专库专区存放，改善现场存放条件。

④在危险化学品存储条件及分区方面，做好分类分区工作，严禁出现混放的现象；做好危化品的现场标识、指示工作；改善储存条件，按照法规要求配备通风、干燥或冷藏设施。

⑤对于企业化学品登记工作不及时、缺产品、缺项等情况，全面核实化学品登记的制度、流程和落实情况，发现问题要及时整改，对屡次出现问题的员工实行调岗。

（四）安全生产管理方法完善方面

安全生产管理方法的完善采取以下解决措施，同时举一反三全面核查其他方面的问题。

①在工艺安全信息、安全技术说明书方面，核实装置之间的物料、工艺联系以及物料毒性、接触暴露限值、腐蚀性、施救方法等信息，对于不准确、漏项的及时改正。

②树立安全就是效益的理念，坚持"安全第一"的方针，发挥主要负责人就是企业安全第一人的作用，要求各级负责人在装置出现安全隐患的情况下坚决停车处理，绝不带病运行。

③全面核查各岗位的操作规程，对缺少内容、过于简化的要及时完善。

④针对企业涉及的重点监管工艺，对相关人员进行专题培训，提高安全风险意识，确保其操作规程、日常巡检、故障排除等工作按照法规要求来执行。

⑤安全生产文件及宣传。安全生产文件中的各种操作规程作为企业安全生产的指导性文件，一方面指导企业各系统平稳安全地运行，另一方面可以帮助企业查找安全生产存在的问题和漏洞，认识本企业生产的不足。企业相关负责人应当根据企业不同发展阶段的需求对其做出调整，修改调整后的文件应及时传达至每位员工。企业在完成装置的升级改造的第一时间，应更新匹配文件。颁布新版安全生产文件后，旧版文件应当及时收回并销毁，避免出现因员工参照旧文件操作发生安全生产事故的情况。安全生产宣传应结合化工企业的实际情况，以正面宣传为主，普及安全生产的各项法律法规，推动化工企业各部门安全生产责任制的落实，保障化工企业安全生产的各项工作有序进行。化工企业应跟紧时代发展潮流，建立自身的网络宣传网站平台及企业宣传公众号，在平台中及时推送安全生产的宣传知识。此外，在化工园区传统宣传区域（告示栏、公告牌以及围墙等）

中应当每隔一段时间更新安全生产标识，提醒各操作人员时刻注意安全的重要性，避免出现一两年不更新的情况，影响宣传效果。在化工生产的中控室、休息间和各设备间的显眼处应悬挂安全生产的相关提示（如操作流程、应急措施、急救知识等）。企业的安全管理部门应当适时地开展不同的安全生产宣传活动，如在大修期间发放检修注意事项的宣传资料，举办安全生产知识竞赛等。化工企业领导应当把安全生产宣传事宜列入日常的讨论工作中，将安全生产的理念根植到每位员工心中。

⑥消防安全讲座及演练。消防安全讲座能够帮助员工从理论知识层面上认识到消防安全的重要性，而消防安全应急演练能够从实际操练层面上提高现场作业人员处置事故的能力，增强员工的安全应急意识。化工企业对于消防安全讲座的内容和次数应当具有规划性，讲座内容要细致且尽量贴近员工的生产生活，让员工在有趣的讲座中掌握消防知识。对于消防应急演练，化工企业相关负责人应当做好规划，演练场地应做出轮换调整，避免集中在生产车间。演练前，要提前告知各相关单位、部门及参与演练人员，确保消防演练的协调统一、安全顺利，对演练过程中所使用的器材和物品进行预检、使各类器材处于良好状态，避免出现事故。加强组织领导和监督指导，要跟踪各班组演练工作完成情况，确保演练人员熟知消防演练的正确演练步骤及操作，演练时，要设置明显标识。各负责人要了解各个班组演练的实效性，监督各班组演练的质量，并且给予一定的指导意见，演练结束要及时总结找出消防演练中存在的问题，总结经验教训。

（五）良好安全环境创建方面

公司安全理念的宣传可以潜移默化地改变员工的行为方式，而企业良好的安全环境则可以让员工始终保持良好的安全习惯。

①在建筑安全设施方面，着重检查配备不全、功能缺失等问题，对于已经发现的自动喷淋系统不能正常发挥作用、部分灭火器已过保质期、防火卷帘下方存放难以移动的物料物品等，安排第一时间解决。

②全面梳理企业各装置各产品设计产能、批准产能与实际产能，对于违规扩大产能的装置实行停产并补办手续、补交罚款的措施。

③在安全出口方面，撤换标识不清、指向错误的安全出口标识，派专人负责企业安全出口方面的日常管理工作。

④在防爆型设备电线方面，全面更换没有按要求采用防爆规格的电线、灯具及其他设备设施。

⑤针对存在的部分生产装置与储存场所之间距离不符合要求的问题，主动与相关行政部门协商解决。

（六）安全管理强化方面

化工生产安全管理的强化可以通过以下方法措施来解决。

①加强安全生产教育和培训管理，制订详细的培训制度和计划，派专人负责落实安全生产教育和培训的执行，严格要求考场纪律，加强对讲课人员、培训人员的考核力度。

②树立隐患就是事故的理念，采取专项行动对事故隐患发现一批、解决一批，尤其是针对上级部门检查出的重大安全隐患，要采取治标治本的措施，防止相同隐患再次发生。

③全面核查企业合同人数、缴纳保险人数和实际工作人数，对于部分员工未签合同未缴纳保险的情况，及时补签合同、补交保险。

④在安全警示标志和化学品危险性标识方面，由企业专门部门统计各车间的需求数量，并由专人负责核实数量、内容是否准确，及时张贴。

⑤全面核查安全帽、防静电工作鞋等安全防护用品，杜绝过期、缺少和不按规定佩戴现象，同时制定防护用品相关管理制度，并监督落实，从根本上解决这一问题。劳保用品作为保护化工企业员工人身安全和健康的重要装备，化工企业应当给予足够重视。化工企业应根据每年的具体需求提前制订劳保用品采购计划，对于劳保用品的使用感受，应当咨询广大员工，对于员工反映品质较差的产品应当寻找替代品。化工企业采购劳保用品时，应当保证其符合相关质量标准。化工企业应制定符合本企业安全生产的劳保用品发放管理制度，化工生产大部分工作在户外，对于一般的劳保用品消耗较大，此类劳保用品应当增加储存量。安全帽等特殊的劳保用品，应登记好有效期限，及时提醒员工更换即将过期的劳保用品。化工企业的劳保用品分配制度应当根据安全生产任务的变化及时做出分配调整，率先保障生产人员的劳保需求。

（七）安全信息化系统建设方面

随着现代信息技术的迅猛发展，整个世界进入了"互联网+"时代。在当今的经济社会领域，信息已成为生产的重要因素，渗透到生产经营活动的全过程，融入企业安全管理的各个环节。安全生产信息化是通过安全生产领域信息资源的收集、开发、利用和共享，利用现代信息技术，借助大数据分析技术，提高安全生产水平。

国家有关部门发布了《"工业互联网＋安全生产"行动计划（2021—2023年）》，构建基于行业级的工业互联网安全意识、监控、预警和处置、评价体系，提升工业企业安全生产四化水平（网络化、数字化、信息化、智能化）。探索"工业互联网安全生产"一体化创新模式，拓展互联网产业在工业企业安全管理中的应用，提升工业企业安全生产水平。应急管理部2021年发布的《"工业互联网＋危化安全生产"试点建设方案》，要求在领域内推动工业互联网、人工智能（AI）、大数据分析等新一代信息技术与安全管理深度融合，这对推进危险化学品安全管理的网络化、数字化、智能化具有重要意义。

第二节　化工生产安全管理目标的制定、实施与评价

一、化工生产安全管理目标的制定

安全管理目标对企业的安全管理方向有指引作用，正确的安全管理目标能把企业的安全管理活动引向正确的方向，从而取得较好的效果。正因为目标有指引方向的作用，所以目标是否正确，是衡量企业安全管理工作的首要标准。

制定安全管理目标要有广大职工参与，领导与群众共同商定切实可行的工作目标。安全管理目标要具体，根据实际情况可以设置若干个，如事故发生率指标、伤害严重度指标、事故损失指标或安全技术措施项目完成率等。应将重点工作首先列入目标，并将各项目标按其重要性分等级或序列。各项目标应能数量化，以便考核和衡量。企业制定安全管理目标的主要依据：国家的方针、政策、法令；上级主管部门下达的指标或要求；同类企业的安全情况和计划动向；本企业情况的评价，如设备、厂房、人员、环境等；本企业历年工伤事故情况；企业的长远安全规划；等等。

安全管理目标确定之后，还要把它变成各科室、车间、工段、班组和每个职工的分目标，这一点是非常重要的。因此，企业领导应把安全管理目标的展开过程组织成为动员各部门和全体职工为实现工厂的安全目标而集中力量和献计献策的过程。因此，安全管理目标的展开是非常重要的环节。

安全管理目标展开后，实施目标的部门应该对目标中各重点问题编制一个"实施计划表"。实施计划表中，应包括实施该目标时存在的问题和关键、必须采取的措施项目、要达到的目标值、完成时间、负责执行的部门和人员以及项目的重要程度等。编制实施计划表是实现安全管理目标的一项重要内容。

安全管理目标确定之后，为了使每个部门的员工都能够明确企业为实现安全管理目标需要采取的措施，明确部门之间的配合关系，厂部、车间、工段和班组都需要绘制安全管理目标展开图以及班组安全管理目标。

二、化工生产安全管理目标的实施

①根据目标展开情况相应地对下级人员授权，使每个人都明确在实现总目标的过程中自己应负的责任，发挥主动性和积极性去实现自己的工作目标。

②加强领导和管理，主要是加强与下级的意见交流以及进行必要的指导等。实施过程中的管理，一方面需要控制、协调，另一方面需要及时反馈。在目标完成以前，上级对下级或职工完成目标计划的进度进行检查，就是为了控制、协调、取得信息并传递反馈。

③严格按照实施计划的要求开展工作，目的是在整个目标实施阶段，使每一个工作岗位上的员工都能有条不紊、忙而不乱地开展工作，从而保证完成预期的各项目标。

三、化工生产安全管理目标的考核与评价

在完成预定或期望目标后，上下级一起对完成情况进行考核，总结经验教训，确定奖惩实施细则，并为设立新的循环做准备。成果的评价必须与奖惩挂钩，使完成目标者获得物质或精神奖励。要把评价结果及时反馈给执行者，让他们总结经验教训。评价阶段是上级进行指导、帮助和激发下级工作热情的最好时机，也是发扬民主管理、群众参加管理的一种重要形式。

第三节　化工安全生产责任制

一、化工安全生产主体职责

人是事故发生最重要的因素，通过规范人的不安全行为是预防事故发生最有效的方法。因此，企业主要负责人一定要提高思想认识，明白安全是企业获得经济效益的前提条件，安全生产无小事，没有安全生产，一切皆无从谈起。

①充分考虑生产过程中潜在的安全隐患，从思想上提高重视程度，提升安全管理意识。化工企业的领导者、管理者便是这个火车头，企业的安全生产工作做得好不好，关键在于领导是否将安全意识与管理工作的重要性给予明确定位，企

业内部是否由上至下贯彻执行。因此，化工企业的管理者一定要牢固树立较高的企业使命感与安全责任感，要真正落到实处，进而切实为企业的危险品管理工作打牢坚实的基础。

②建立并完善员工查隐患奖惩制度及责任追究制度，让化工企业的每名员工都能正确认识到岗位风险所在与自身职责所在，以制度去指引行动、规范行动，更好地提升员工的安全生产意识和责任感，同时，建立和完善奖惩制度也可以进一步加大隐患排查的力度，调动员工的工作积极性。

③转变安全管理方式，由被动管理转变成主动管理。安全生产从根本上说是企业自己的事，要修炼好内功，从内部发力，由被动接受监管部门的管理，转变为主动管理，抓好安全工作，企业才能长远稳定发展。

④要加强企业安全文化建设，从根本上转变企业的发展理念，提高安全生产主体责任意识，营造出安全生产第一的生产管理气氛。转变企业"重发展轻安全"的思想意识是一个相对漫长的过程，需要抓住安全生产与经济效益的平衡点。

⑤监管部门要督导企业建立安全生产责任制，建立责任制清单，责任落实到人。同时，每年与企业签订安全生产目标责任书，督促企业在完成全年工作目标的基础上，更好地履行安全生产工作目标责任承诺。

⑥加大企业安全生产投入。要保证安全生产，必要的安全生产投入就一定要到位。因此监管部门要根据相关法规的要求，督促鼓励企业加大安全生产投入力度。要指导企业建立并使用安全生产费用提取台账、根据上年年利润情况按比例提取本年度的安全生产费用，规范安全生产费用岗位职责和管理制度，以上制度要以公司红头文件形式由主要负责人签署并发布实施。确保安全生产资金投入充足，切实维护好企业、职工利益以及社会公共利益。加大安全生产投入的直接结果就是遏制事故的发生，加大安全生产投入其实是在促进经济效益的增长，企业只有安全基础牢固了，经济效益才能不断增长，企业才能持续、稳定、健康发展。

⑦强化企业安全基础设施建设。基础设施建设是企业生产的必备条件和基础，是安全生产必不可少的物质保障，强化企业安全基础设施建设可以为安全生产增加力量，打破制约发展的瓶颈，是企业持续发展的硬性条件。化工企业一定要做好生产设备设施的检维修工作，定期对生产设备设施进行安全检查，聘用专业技术人员对生产设备设施进行检维修，确保生产设备设施符合安全生产的标准，并做好详细的检查与维修记录，对于老化、超过使用寿命的生产设备设施及时淘汰并进行报废处理，缺乏的生产设备设施要及时购进，购买时一定要挑选实力雄

厚、资质优越的生产商，保证生产设备设施的生产质量和安全性能。强化安全基础设施建设，能够最大限度避免各种安全隐患和事故的发生，促进化工企业的良性发展。

⑧加强企业员工安全生产培训。增强一线从业人员的安全意识、提高操作技能，做好企业员工的安全教育培训工作，是确保安全、规范、标准作业的根本措施。使"安全在一线，岗位保安全"的理念深入人心，往一线使劲，往岗位发力，大力营造"我是操作工、更是安全员"的浓厚氛围，提高企业员工安全意识和操作能力，确保人人上标准岗、干标准活，切实提升企业主要负责人的安全管理理念水平和一线员工的安全操作技能。

⑨完善落实安全生产各项规章制度及操作规程。要保证危险化学品安全生产，规范、合理的安全管理制度是基础。建立并完善切实可行的规章制度和操作规程可以有效地避免安全事故的发生。无论是在化学品的生产环节，还是使用、存储、运输和经营环节，都要以规章制度和操作规程为扶手、框架和模板。因此，完善并落实各项安全生产规章制度和操作规程，是实现安全生产的有效手段。化工企业在编制规章制度和操作规程的时候，要以国家法律法规为大纲，行业标准、指南和操作规范为小纲，立足本企业实际情况，灵活编制与应用。严格的制度才能带动有效的行动，规范的章程才能提高操作技能。有了完善的规章制度和操作规程，有效的落实是关键。监管部门也要督促各危险化学品企业建立健全安全生产规章管理制度，严格遵守安全生产各项操作规程，盯紧关键部位、重点设备、重要场所的安全生产工作。

二、化工安全生产各业务部门职责

化工安全生产各业务部门都应在各自工作业务范围内，对实现安全生产的要求负责。

①安全技术部门的安全生产职责。安全技术部门是企业领导在安全工作方面的助手，负责组织、推动和检查督促本企业安全生产工作的开展。

②生产计划部门的安全生产职责。生产计划部门负责组织生产调度人员学习安全生产法规和安全生产管理制度。

③技术部门的安全生产职责。技术部门负责安全技术措施的制定；在推广新技术、新材料、新工艺时，考虑可能出现的不安全因素和尘、毒、物理因素危害等问题；制定相应的安全操作规程；在正式投入生产前，做出安全技术鉴定；在产品设计、工艺布置、工艺规程、工艺装备设计时，严格执行有关的安全标准和

规程，充分考虑操作人员的安全和健康；负责编制、审查安全技术规程、作业规程和操作规程，并监督检查实施情况；承担劳动安全科研任务，提供安全技术信息、资料，审查和采纳安全生产技术方面的合理化建议；协同有关部门加强对职工的技术教育与考核，推广安全技术方面的先进经验；参加重大伤亡事故的调查分析，从技术方面找出事故原因和防范措施。

④设备动力部门的安全生产职责。设备动力部门是企业领导在设备安全运行工作方面的参谋和助手，对全企业设备安全运行负有具体指导、检查责任。

⑤劳动工资部门的安全生产职责。劳动工资部门把安全技术作为对职工考核的内容之一，列入职工上岗、转正、定级、评奖、晋升的考核条件。

三、化工安全生产操作工人的职责

①遵守劳动纪律，执行安全规章制度和安全操作规程，听从指挥。

②保证本岗位工作地点和设备、工具的安全、整洁，不随便拆除安全防护装置，不使用自己不该使用的机械和设备，正确使用保护用品。

③学习安全知识，提高操作技术水平，积极开展技术革新，提出合理化建议，改善作业环境和劳动条件。

④及时反映、处理不安全问题，积极参加事故抢救工作。

⑤有权拒绝接受违章指挥，并对上级单位和领导人忽视工人安全、健康的错误决定和行为提出批评或控告。

第六章 化工园区及其整体风险安全评价

随着现代化工的不断兴起，为提高资源转化效率以及促进经济效益最大化，化工园区逐渐成为现代化工行业的必然趋势，化工园区所涉及的风险也随之增加。本章分为化工园区概述、化工园区整体风险安全评价探讨两部分。主要包括化工园区的概念及发展、分类及特征，现代化生产进园区的意义，化工园区整体风险安全评价原则、评价程序及评价方法等内容。

第一节 化工园区概述

一、化工园区的概念及发展

化工园区是现代化工行业为合理分配资源，提高生产效益的产物。它将各种生产要素聚集在一起，达到高效率的目的，凸显工业特征，增强企业的集中性。化工园区一般选在远离居民区、交通便捷的偏僻地带，但必须具备基本的水、电、气等公共设施。美国率先采用化工园区的生产模式，随后经过日本、德国、比利时等国家的不断发展，化工园区最终成为全世界化工行业的主流。20 世纪 40 年代初期，美国首先在墨西哥湾沿海建立了石化工业，并在那里建立了工业集群。第二次世界大战之后，日本、德国和比利时等国纷纷效仿美国的石化工业，在各地纷纷设立了各自的石化产业集聚地。这些石化产业集聚地推动了第二次世界大战以后的经济复苏，为近代化工行业的发展打下了坚实的基础。20 世纪 70 年代，新加坡、韩国、沙特、印度等国借鉴欧、美、日的成功经验，先后建立了一批规模庞大、集聚度高、经济效益高的国际化工园区。

我国化工园区发展始于 20 世纪 90 年代，起步较晚，主要是由经济开发区、高新区、工业园区发展而来的。我国化工园区的发展历程如下：

①初始阶段（1984—1990 年），1990 年，全国仅有 13 个省级以上化工园区，国家级化工园区 8 个。

②发展壮大阶段（1991—2006 年），在此期间，我国新建省级以上化工园区 340 余个，其中 50% 以上集中于沿海、沿江地区，其次为中西部内陆地区。

③优化发展阶段（2007—2013 年），截至 2013 年底，全国化工园区共有 490 余个。

④提质发展阶段（2014 年至今），我国的化工园区已超过 600 个，化工园区主要是以省级化工园区为主。

二、化工园区的分类及特征

（一）化工园区的分类

化工园区根据成立条件和特征，可以分为四类：

①依托沿江沿海及码头形成产业链的化工园区。此类型化工园区依托沿江沿海及码头等地理优势形成集输送、加工以及储存一体化的产业模式。在 2009 年发布《石化产业调整和振兴规划》后，长江三角洲及珠江三角洲等地区的产业聚集程度显著提高，逐渐形成以炼油和乙烯为产业核心的高聚集度产业基地。我国此类化工园区有厦门海沧石化区、珠海临港石化工业区、广东大亚湾开发区石化工业园区、宁波大榭开发区等。这些化工园区依靠沿海沿江的天然优势，形成上下游联系紧密的产业链。此类化工园区将成为中国化工行业发展必不可少的中坚力量。

②依托大型石化企业发展的化工园区。此类化工园区具有资源配置合理、产品上中下游联系紧密的优点。化工园区主要依托实力雄厚的大型石化企业来带动产业链其他企业发展，化工园区产业基础高，产品特色鲜明，能够有效吸引外商投资。此类化工园区将以发展中下游产业链为主要发展目标，形成聚集程度高的产业基地。此类化工园区有齐鲁工业园区、重庆长寿化工园区、大庆高新化工园区等。

③中小型化工企业聚集程度高的化工园区。此类化工园区能根据实际情况发展自身特色产业，能够培育出适应能力强、产业特色鲜明的小型化工园区，具有较强的商业竞争力。此类化工园区中化工企业落户情况分为以下几类：中小型化工企业由于其项目受到环保以及工业要求所限制，从可持续发展的角度考虑落户化工园区；大型化工企业在基础设施和安全管理模式完善的情况下落户化工园区；特色化工企业通常落户在具有特色产业链的化工园区；部分小型企业由于工程设施不全落户在化工园区乡镇范围内。

④搬迁型化工园区。此类化工园区既顺应城市发展要求，也满足企业自身发展。这类化工园区是中国化工园区未来发展的主要力量。此类化工园区具有规模较大的上游生产设施以及满足大型石化工程建设的设施条件，园区起点高，投入

大。此类化工园区有上海化工园区、泉港石化工业园区、南京化工园区等。

根据化工园区产业特色可以分为如下三类：

①石油化工型化工园区。以大型炼油、乙烯装置为龙头产业，带动下游产业发展，具有较大的生产规模。代表园区有惠州大亚湾化工园区、上海化工园区等。

②精细化工型化工园区。以精细或专用化学品及合成材料生产为主，其化工园区规模一般为中小型。代表园区有南通经济技术开发区、泰州经济开发区等。

③煤化工型化工园区。利用地区充足的煤炭资源，以煤化工为核心产业带动下游产业发展。代表园区有宁东能源化工基地、榆林能源化工基地等。

（二）化工园区的危险特征

化工园区的建设主要针对化工产业资源的整合以及化工企业的规划与布局，化工园区规模大且园区集聚性高，同时由于化工园区内企业生产过程涉及众多重大危险源、生产工艺复杂等因素，造成化工园区具有较大危险性。与单独的化工企业相比存在很多差异，主要体现在以下几个方面。

①生产操作过程中涉及众多危险源。当前我国化工园区规模逐渐扩大，趋向于产业集中化发展，化工园区内的企业数量与日俱增。随之而来的安全问题也逐渐显露，首先，化工企业在生产、储存、运输等过程中涉及具有易燃、易爆等特性的危险物质，具有一定的危险性；其次，对于化工企业生产过程中涉及的设备设施及工艺过程也具有危险性，对化工园区内的人员生命财产具有一定的安全隐患。

②化工园区规划布局不合理。一些化工园区没有全面落实安全准入要求并且缺乏完整的园区安全发展总体规划，导致园区内存在布局风险，使园区内的人员生命财产安全得不到保障。由于我国城市化进程的不断推进，位于郊区的化工园区也逐渐成为城市区域的一部分，园区内外逐渐与居民生活区相关联，增加了化工园区的整体风险。

③化工园区内一旦发生事故易造成企业间的连锁反应。园区各个企业之间的事故风险连锁反应主要有如下方面：首先，化工园区内的化工企业大多涉及危险化学品，具有发生火灾、爆炸等事故的可能，同时化工企业生产运行的整个过程中，尽管化工园区内企业之间相互独立，但在公用基础设施方面存在相互关联，例如，分布在厂区的物料运输管网，一旦某个化工企业发生事故，将关联到其他企业，甚至引发多米诺效应。再者，化工园区内一些化工企业具有生产关联性，例如，原料的供应，虽然园区内的化工企业在事故发生时相互影响，但各个企业的安全管理却相互独立，如此一来，园区内将无法形成统一的指挥进而造成风险。

④化工园区内应急救援体系不完整。化工园区内应急救援体系的建设通常存在如下问题：化工园区内的化工企业只关注企业本身的安全管理与应急机制，事故发生时易导致企业与企业之间产生事故的连锁反应，进而扩大事故造成的损失；化工园区内应急机构的设立、应急设施与应急资源的配备缺乏一定的科学性；化工园区整体的安全生产管理职责没有进行全面落实，缺乏园区内区域联动机制，导致各应急救援以及安全管理部门等出现联动失效，进而影响化工园区的整体应急救援水平，在事故发生后，无法准确估计事故造成的损失。

⑤化工园区潜在风险与自然环境因素存在紧密关联。化工园区内从运输角度考虑，通常会分布在水资源丰富的地区，在化工园区内发生火灾、泄漏或爆炸事故，将对周边自然环境造成恶劣影响，例如，危险有毒化学品泄漏导致的水资源污染问题，对生态环境及周边居民的生活都将带来严重影响。同时，化工园区的自然环境状况也会影响事故后果。

三、化工园区的重要作用

我国正处于经济提质增效的关键时期。作为我国的基础性行业，化工行业是我国经济发展的先行者和中坚力量。我国是世界最大的化工生产国，2019年我国化工行业总产值占全球的36%，并预计于2030年左右其贡献率增至50%，化工行业在未来仍将继续保持高速增长态势。化工行业在国民经济中占有重要地位，但同时化工行业具有污染大、安全风险高的特点，为降低化工企业安全生产事故给人民群众生命财产安全造成的损失，全国各地都在大力推进化工企业入园，随着安全生产领域"人民至上、生命至上"的理念越来越深入人心，我国为加强对安全生产事故发生率较高的化工行业的规范管理，减少化工行业安全风险，大力推进化工园区的建设。作为一个国家经济发展的"重武器"，化工园区对促进产业结构调整和产业聚集升级起着巨大的作用。

在全球范围内，通过建立产业集群或园区来提高化工生产效率是一个普遍的特征，这得益于基础设施的共享和地理邻近的一体化供应链。在中国经济绿色转型升级的关键时期，园区成为中国经济发展的重要形式和主要力量。截至2020年底，我国共有616家以石油化工为主导产业的化工园区，化工园区已成为推动行业高质量发展的重要平台。然而，化工园区环境污染问题仍然突出。化工园区发展过程中承担着多重污染减排压力。化工园区绿色发展作为中国及世界化工行业发展的主要趋势之一，是缓解资源环境矛盾、推动行业经济高质量转型的必经之路。目前，化工园区肩负的绿色转型任务依然艰巨。首先，由于化工园区承载了多数化工企业，其资源消耗高、环境负荷重；其次，大部分化工园区在资源利用效率、污染治理成效、产业关联共生、基础设施共享等方面与国外先进水平相比仍存在很大差距，园区间发展绩效也呈现显著差异；最后，我国化工园区信息公开不足，园区综合发展能力评估十分欠缺，全面掌握园区发展现状及绩效水平仍存在较大缺口。这些问题制约了化工园区绿色转型发展。其中，精细化工园区的经济发展与环境污染的矛盾尤为突出。基于生产工艺复杂、资源能源消耗大、废弃物排放多元多样、污染处置流程长等特性，精细化工园区的精细化治污面临着更棘手的难题和更严峻的挑战。精细化工园区的数量占我国化工园区总数量的50%以上，加快推动其绿色发展，努力破解污染治理难题，是促进化工园区高质量发展的重要举措。

为提升化工园区规范化建设水平，促进化工行业提档升级，我国鼓励并引导化工企业搬迁入园，化工企业成为化工园区发展的重要建设者。在我国"双碳"目标提出后，推动化工企业精细化高端化转型，是顺应产业发展潮流和提升企业核心竞争力的关键之举。推动化工企业尤其是精细化工企业的绿色可持续发展是促进化工园区绿色转型发展的关键驱动力。然而，由于行业特性及产品属性，精细化工企业在转型升级过程中面临多重阻力，其中环境问题尤为突出。在化学品生产过程中，废水、大气及危险废弃物等"三废"排放问题严峻。随着中国政府在"十三五"期间持续加大污染治理力度和加大环境治理财政资金投入，精细化工行业的多类污染治理水平取得了显著改善，然而减少行业环境影响仍任重道远，精细化工依然是化工污染治理的重点监管对象。此外，企业在发展过程中还存在以下突出问题：首先，企业生产规模小。我国精细化工企业以中小型为主，大规模企业稀少。中小型规模对企业升级改进生产技术、提升创新研发能力提出了一定挑战。其次，企业污染治理成本负担重。近年来，国家环保治理工作开展得如火如荼，国家要求提高化工企业节能减排技术水平，淘汰环保不达标的落后产能。在严格的污染排放管控下，为实现达标排放，企业用于设备改进、技术创新、产品升级等改进措施的环保投入必将增加。在经济效益一般的情况下，企业一般不愿意主动增加环保投入，无法承担昂贵的环境治理投入。这使企业环境治理难度加大，影响企业日常运营，甚至最终可能导致关停退出市场。多因素导致企业间的环境绩效存在较大差异，且发展水平参差不齐。企业的绩效评价包括财务绩效、管理绩效和社会绩效等。随着企业面临的环保压力日益增大，节能减排已经成为企业生产经营的必要约束，环境效益对企业发展的重要性日益突出。追求更高的生态绩效，已经成为企业绿色发展过程中的重点方向和任务，对推动企业高质量发展具有重要意义，为实施有效精准的企业管理提供了有力支撑。精细化工行业作为化工行业中最具活力的新兴领域，是化工行业高质量发展的重点领域和重点方向。园区作为行业发展的主要力量和重要载体，精细化工园区的绿色发展是实现经济与资源环境协调发展的必经之路。为推动精细化工园区精准治污、科学治污，促进绿色转型发展，亟须全面系统地分析发展现状，多层级探究发展过程中多主体面临的困境，多视角评估发展过程中多方面取得的效益成就，为园区制定绿色发展目标和实施路径提供有力支撑。

化工企业作为经济生产活动的主体，是化工园区绿色转型发展的重要动力源泉。化工企业生态绿色转型，需要多系统协同耦合发展，是化工园区高质量发展的必经之路。从企业层面出发，构建企业生态绩效评价体系，从企业、行业、园区多层级多维度视角出发，探究化工园区行业和企业发展现状及存在的问题，为他们的绿色可持续发展提供切实可行的决策依据。基于此，为化工园区整体未来发展及转型升级指明方向，对推动化工行业转型升级具有重要意义。

第二节　化工园区整体风险安全评价

一、化工园区整体风险安全评价原则

化工园区整体风险安全分析与安全管理、设施、从业人员、作业环境、设备等方面的内容均存在着一定的关系，在对其风险安全程度运用单一的评价方法进行识别的过程中，无法将企业的安全现状真实、全面地体现出来。搭建一套层次架构科学、合理，可将化工园区整体风险安全情况更加真实且客观地体现出来的综合安全评价指标体系是一个相对困难的课题。虽然国际上的安全工作人员对该课题开展了大量的研究工作，但化工企业的经营和生产是一个存在着大量相对较为复杂的流程的系统，与多个方面的影响因素有关，如危险有害因素种类多、设备设施数量相对较多、工艺条件苛刻等，对其难以取舍。因此，化工园区整体风险安全评价指标体系的搭建离不开安全评价指标的选择。

为了使选择的安全评价指标存在代表性和科学性等特性，本节借鉴我国安全评价工作要求的准则对安全评价指标进行了选择，也就是将科学性、系统性、全面性和突出性、可操作性、定量和定性相结合、方向性、针对性等原则作为选择安全评价指标的基础原则，化工园区风险安全评价的建立要充分考虑化工园区风险安全影响因素的复杂性、不确定性。评价指标体系的合理性与可操作性直接影响化工园区风险安全评价结果的可靠性，因此针对具有复杂系统的化工园区，建立系统客观、能够准确反映化工园区整体风险安全的评价指标体系要遵循如下原则。

①科学性原则。化工园区整体风险安全评价指标的选取要有一定的科学依据，应采用科学的方法进行数据资料的搜集，能够真实地反映化工园区整体安全规划、企业安全状况、应急救援管理、安全生产管理、重大危险源等方面的具体细节。应按照化工企业生产系统的安全评价基础理论以及特性对安全评价指标体系评判语的明确、因素的取舍、架构的设计等进行最终确认。搭建的指标体系的规模应适度，因素无论是过细、过多、过大或太粗、太少、太小，均不能将企业有概率存在的危险程度妥善合理、公正、客观地展现出来。所以，只有选择真实性以及科学性更高的评价指标来将化工企业指标间的互相支配关系以及存在的整体风险安全水平展现出来，尤其是可将企业的具体风险安全水平真实地体现出来，评价结果才可存在一定的可靠性及精确性。

②系统性原则。对化工园区这一复杂系统进行整体风险安全评价，要考虑整体系统与各个子系统之间的层次关系，每一子系统的风险安全评价结果都能够反映出化工园区整体系统的安全水平，从化工园区整体安全规划、企业安全状况、应急救援管理、安全生产管理、重大危险源入手构建化工园区整体风险安全评价指标体系。建立整体风险安全评价指标体系是一个系统工程，一般具有层次性、相关性、整体性、目的性、几何形等特点。所有单位的风险安全分析都与环、人、管、机等方面有关，尤其是化工企业存在着大量复杂的子系统，该部分子系统间又互相限制和影响。基于此，在搭建化工企业安全评价指标体系的过程中，将依据工艺危险性、人际协调性、物质自身存在的危险性和其余部分事故预防措施，例如，安全管理制度、隐患排查、安全管理架构设置、人员素质、安全教育培训等方面，从生产经营活动出现事故的环、人管、机等角度切入，搭建清晰化、简单化、层次明确的指标体系，以对企业的真实安全状态进行精确、系统的评价。

③全面性和突出性原则。在对化工企业开展具体的风险安全评价工作时，应在全面考量环、人、管、机等方面的基础上进行，因此在选择评价指标时，为了保障指标因素的选择有余地，在初期对指标进行选取时，应尽可能地进行全面、大量的考量。同时，为了将诱发事故出现的环、人、管、机等因素之间的关系凸显出来，一方面应对指标选择的全面性进行考量，另一方面还需对这些因素诱发事故的主次地位进行考量。只有始终秉持突出性以及全面性的原则，才可凸显出评价工作的重点，有的放矢。

④可操作性原则。化工园区整体风险安全评价要考虑每项指标在评价过程中定性或定量评价的可行性，每项指标评价的数据资料以及实现程度直接影响化工园区整体风险安全评价工作能否顺利进行。为了对企业风险安全评价工作的成功开展产生推动作用，搭建的评价指标体系，一方面应对所有子指标及其体系的独立性进行考量，另一方面还应对指标体系的可行性进行全面考量。因此在选择指标时应定义明确、概念清楚明了，并且数据的搜集以及指标的量化应基于对已有国情和科技水平的考量，应保障其具有较强的可靠性、易操作性。

⑤定量和定性相结合原则。在选择风险安全评价指标的过程中，应对定量指标进行考量，也需对定性指标进行考量，只有始终秉持定量和定性指标有效结合的原则，才能对化工园区整体风险安全所处的安全状态进行更加真实且全面的判别。

⑥方向性原则。搭建的指标体系应存在着一定的导向性，可对化工园区将来的安全生产发展进行指导和规范，且必须符合我国下发的与化工企业安全生产管理的方法和目标相关的标准、法律、政策性法规规划的要求。该部分标准、法律、政策性法规规划存在着相对较强的时效性，在指标选取方面存在着某种方向性指导意义。

⑦针对性原则。针对不同化工园区的危险性评价，要根据化工园区实际情况构建不同的评价指标体系，这样才能反映不同化工园区的真实安全水平。通常就各种评价系统选择的评价指标体系而言，虽然存在着一定的相似性，甚至其中部分指标完全相同，但在部分细节方面还是存在一定的不同之处的。所以在对化工企业安全评价指标体系进行搭建的过程中，应采用差异性分析的方法对各种评价对象进行研究，将针对性凸显出来，进而将评价对象的重要危险有害影响因素及危险等级真实地展现出来。

二、化工园区整体风险安全评价程序

化工园区含有众多化工企业，化工企业在生产过程中涉及火灾、爆炸、中毒等危险因素，一旦化工园区内某家化工企业发生事故，会造成事故的连锁反应，进而引发多米诺效应。化工园区的多米诺效应指化工园区内某一个起始单元在发生事故后，事故的后果在一定的扩展状态下，导致相邻单元发生事故并引发二次及以上严重事故的现象。当扩展条件进一步满足，二次事故将进一步扩大。造成多米诺效应的主要因素为物理爆炸、蒸汽云爆炸、BLEVE 事故以及池火。这些事故释放的热辐射、冲击波以及碎片当满足扩展条件时，会引发多米诺效应，造成严重事故后果。针对引发多米诺效应的主要扩展条件，有研究者提出引入阈值作为多米诺效应定量分析的条件，通过是否超过阈值来判断危险源是否会发生多米诺效应。如果初始单元发生事故时传递的能量没有达到扩展条件的阈值，则不会发生多米诺效应。基于多米诺效应分析的化工园区整体风险安全评价，其评价程序主要包括以下几部分内容。

（一）重大危险源辨识与评价

重大危险源辨识是风险安全评价的重要基础性工作，化工园区内的危险源数量众多，在实际的评价过程中，不可能对园区内的所有危险源都做到完整全面的评估。为做到有的放矢，首先根据《危险化学品重大危险源辨识》（GB 18218—2018）对园区内的重大危险源进行辨识，在此基础上选择合适的评价方法来确定危险单元。化工园区内重大危险源一旦发生事故，将会造成严重人员财产损失。《危险化学品重大危险源辨识》（GB 18218—2018）中明确危险化学品重大危险源为长期地或临时地生产、加工、使用或储存危险化学品，且危险化学品的数量等于或超过临界量的单元。根据《中华人民共和国安全生产法》对于企业重大危险源的规定，应对化工园区内重大危险源严格监管，对重大危险源进行登记并建立相应档案，并且对涉及的重大危险源进行风险分级管控，做到定期风险隐患排查以及制订完善的应急救援预案。综上所述，对于化工园区内重大危险源的风险安全评价应考虑重大危险源辨识与评价、重大危险源监管、重大危险源登记备案情况等方面。

（二）事故后果及多米诺效应分析与评价

事故后果分析是运用软件，结合企业的实际情况，模拟和分析其可能发生的事故类型及影响范围，确定发生泄漏、火灾、爆炸事故后对周边脆弱性目标的影响。风险计算是对园区个人风险和社会风险值的计算，也是通过软件模拟得出的，计算得到个人和社会风险之后，与可接受风险基准进行比较，以判断园区的风险是否可接受。个人风险通常是指危险化学品的生产和储存过程中某一区域固定位置由于各种潜在的火灾、爆炸、易燃有毒气体泄漏等造成的人的个体死亡率，一般表现为个人风险等值线。它也指长期居住在特定地点而不采取任何防护措施的人受到特定伤害的可能性。通常，特定伤害是指死亡或特定危险伤害的程度，社会风险是指危害社会稳定、引发社会冲突、破坏社会秩序的可能性。通俗意义上，社会风险是指引发社会险情的大概性。一旦这种大概性转变成实际，社会风险有可能会变成社会险情，对原本社会和谐安定造成影响。

事故后果类型分析主要是从危险品的理化性质和危险品的生产、储存以及使用方式等方面来对事故后果的类型进行分析研究。下面分别从三类物质来说明：

①易燃液体和易燃气体。在进行装卸、储存、生产此类物质的过程中，一旦发生泄漏，大量液体将会沿地面向周围扩散。在此过程中，液体遇到防火堤或隔堤的阻挡，就会聚集而形成液池。液池中的易燃液体会有一个蒸发速度，如果该速度与液体泄漏的速度一致，那么液池中的液体量将不增不减，这时遇到点火源，就很可能形成池火灾。如果蒸发速度低于泄漏速度，那么液池中的液体会溢出，但是由于蒸汽的减少不易形成气团，这时不遇点火源几乎不会发生危险；如果蒸发速度高于泄漏速度，就会导致蒸发量较大，大量蒸汽在液池上方形成蒸汽云，在蔓延过程中一旦遇到点火源，极有可能造成闪火或蒸汽云爆炸。

②毒性气体。一旦毒性泄漏，就会形成有毒蒸汽云，有毒气体的扩展和蔓延会直接使现场人员中毒或窒息，有毒蒸汽云还会随风向下扩散，对周边居民区造成严重影响。如果大量剧毒物质泄漏且处置不当，大量的人员伤亡和环境污染将会不可避免。

③可燃性粉尘。当可燃性粉尘在爆炸极限范围内时，在点火源的作用下，粉尘和空气的混合物快速燃烧，并引起温度压力急骤升高的化学反应，形成极强的破坏力。

对企业的重大危险源进行事故后果模拟分析。在模拟过程中，主要考虑储存和运输危险物质的容器在不同破裂程度下的事故泄漏场景，利用软件给出的不同泄漏场景下的模型，计算出不同事故后果下周边脆弱性目标的死亡半径、重伤半径、轻伤半径，同时，利用软件计算出危险源在发生事故后可能引起多米诺效应的范围。

多米诺效应分析需要明确能够引发多米诺效应的危险单元。在明确多米诺效应的发生机理和发生条件的基础上，通过合理的数学模型来确定某一危险单元引发次级单元发生多米诺效应的概率，以此概率为基础，选定二级单元，并对其进行后果分析。

（三）化工园区综合风险指标的确定

风险指标的确定方法是评价的核心内容，以化工园区固有风险值和实际风险值及个人风险值和社会风险值作为综合指标，并以此为基础确定化工园区的危险等级，为化工园区安全管理提供定量依据。

化工园区整体风险安全影响因素复杂，根据安全生产标准化对化工园区选取风险安全评价指标，从整体安全规划、企业安全状况、应急救援管理、安全生产管理、生态安全等5个一级指标和20个二级指标构建化工园区整体风险安全评价指标体系。

1. 整体安全规划

化工园区的整体安全规划影响着周边的公共安全和区域安全，同时也制约和协调当地经济发展和建设规划。而整体不合理的产业布局，功能分区和基础设施是发生多米诺效应的根本原因，并增加了事故后果的严重度。综上，对化工园区进行规划时应按照风险分布原则，主导产业风向应与其他主体功能相协调。在建立化工园区与生活区、化工园区与主要建筑、化工园区与保护目标间的安全防护距离时，从一开始，就应考虑尽可能地降低化工园区对邻近区域的影响度。在此基础上，化工园区整体安全规划主要考察化工园区安全功能区划分情况、企业布局规划、基础设施、人口密度四个指标。

①安全功能区划分情况。应将化工园区中原料储存区、生产工艺区、生活区、行政区以及事故隔离缓冲区按照不同功能进行分区。并根据化工园区所在区域主导风向、地形以及周边环境等因素满足化工园区整体布局规划。根据可接受风险程度不同，对功能分区按照风险大小来依次划分，不同功能分区的风险可接受程度也不同。

②企业布局规划。化工园区内化工企业的布局应满足化工原料、主要工艺流程、产品、产生的废料相近或能够形成上下产业链化工企业集中规划的要求，根据化工园区选址所在地的常年气候风向，将涉及有毒有害危化品的企业的规划控制在风险最小范围。

③基础设施。化工园区内基础设施主要考察供水、供电、供热三类基础系统。化工园区内供水系统在满足园区日常生产、生活需求的同时要符合化工园区消防供水规划要求。消防供水系统中消防栓、消防水池给水应符合规范要求，集中供水系统应能够满足化工园区供水需求。化工园区供电系统应按照要求，满足不同等级负荷的供电需求。化工园区应建立集中供热系统、工艺物料、污水公共管道通廊。

④人口密度。化工园区内单位面积人员密度与事故发生造成伤亡的可能性呈正相关，且人员暴露密度越大，化工园区风险水平越强。

2. 企业安全状况

化工企业存在的风险不仅影响着化工企业自身的风险，还涉及邻近的企业、建筑和环境的安全性。因此，化工企业风险安全在化工园区整体风险安全中占据着重要角色。识别企业安全生产的风险因素主要从两个方面考虑：其一，企业固有的危险源；其二，不可控的危险源意外泄漏导致的风险。在企业安全生产过程中，加工或生产的原料、产品，以及储运和运输中的物料存在有毒有害的危险特性；当设备在无保护装置的情况下运行时，一旦运行装置失效、违规作业或设备故障，极易发生爆炸、机械伤害等危险；同时，生产作业中，许多工艺参数不能得到很好的监测，一旦处于不平衡状态，很容易导致发生事故，对生产设备、作业环境、工作人员等造成危害。因此，选择物料、设备、工艺、作业环境、人员、车间防火防爆级别与安全生产投入都应被当作企业进行安全生产评价的参考。化工园区中化工企业的安全生产情况对于化工园区整体安全水平起到重要作用。化工企业中工艺生产过程复杂，涉及的原料及产品中含有众多危险化学品，在工艺过程中因生产条件差错等问题易造成事故。企业安全状况主要考察危险化学品储存情况、风险防控、工艺过程危险性、安全防护措施以及人员安全素质等指标。

①危险化学品储存情况。化工企业在生产过程中使用的原料及生成的产品中含有众多具有火灾爆炸特性的危险化学品，是化工园区内易造成事故的固有风险源。化工园区应根据《危险货物分类和品名编号》（GB 6944—2012）对化工园区内存在的危险化学品进行管控，并根据《职业性接触毒物危害程度分类》（GBZ 230—2010）对生产过程中可能对操作人员造成身体损害的物质分级管控，确定危险化学品的性质与数量。

②风险防控。化工园区风险防控应对新建企业进行"三同时"安全评价，对园区内以及园区周边企业建立风险防控的运行机制，明确防控流程，制定各岗位防控职责，对企业进行危险性分级，并进行分级管理。

③工艺过程危险性。化工园区中生产工艺在生产过程中，由于受到工艺固有危险性、生产环境存在可燃物质等因素影响，容易造成火灾爆炸等事故，因此要特别注意危险工艺。常见的危险工艺如下：工艺过程中会造成危险化学品安全防护措施失效的工艺；对于工艺过程中所涉及的温度、压力、浓度等参数无法准确掌控，且风险水平高易造成事故的工艺；生产过程中，工艺系统受外部环境影响大，由于参数差异过大，易造成工艺过程能量失控进而引发事故的工艺；工艺过程中危险品对于安全防护措施依赖过大，一旦安全防护失效，风险水平由于危险品累积而引发事故的工艺；工艺过程中设备设施易受到温度、持续作业及负荷疲劳等影响而失效的工艺；生产过程中存在静电、电火花、炽热物等易造成火灾爆

炸事故的工艺；工艺过程中危险品受到剧烈机械作用的工艺；工艺过程设备实施布置一旦出错极易造成事故的工艺。

④安全防护措施。安全防护措施能够降低事故发生时造成伤害的程度，化工企业应定期考察人员安全防护装备佩戴情况、设备安全技术措施水平。

⑤人员安全素质。化工生产过程中人员操作不当，有造成生产事故的风险。首先考察化工园区中接受过相应安全培训、安全教育等人员在化工园区总人员中的比例，由于接受过安全培训的人员具有较高的安全意识，在事故发生时能够及时采取正确的应急措施。

3. 应急救援管理

应急救援管理直接关系到公众救援的及时性和化工园区现有可用救援资源的完善性。应急救援与医疗、消防、公安及相应的配套设施紧密相连。此外，化工园区内的企业、公共建筑具有相对聚集性，产生的风险会大大增加。因此，必须加强化工园区的风险控制能力和事故应急处置能力，建立多功能应急响应体系，确保风险控制在最低水平。应急救援管理主要考察应急救援预案、应急救援演练情况、应急救援物资储备情况、应急协调与指挥能力四个指标。

①应急救援预案。应急救援预案应在分析化工园区的安全管理现状、风险现状以及应急资源的准备情况基础上进行编制并由行业内权威专家进行评审，在化工园区事故发生时，能够及时做出应急响应，最大限度减弱事故后果的严重程度。应急救援预案编制也要考虑突发环境事件制订相应应急救援预案。化工园区应定期组织安全管理人员和专业救援人员开展应急救援预案的学习培训。

②应急救援演练情况。化工园区应根据生产安全状态制定应急救援演练方案。原则上化工园区每年至少组织一次综合应急救援演练或专项应急救援演练。

③应急救援物资储备情况。化工园区应急救援物资储备应考察应急资金、应急物资、医疗装备、救援装备的保障落实情况，结合应急救援工作需要，制定应急救援物资配备及维护标准，并定期进行维护保养工作，保证应急救援物资齐全，能够及时投入应急救援行动。各单位应建立并及时更新应急救援物资台账，包括应急救援物资名称、型号、用途、数量、使用维护等情况。

④应急协调与指挥能力。化工园区中化工企业聚集程度高，企业间关联紧密，化工园区企业安全水平不仅取决于自身，还取决于企业间的相互影响。化工园区内各个企业之间应建立信息资源共享平台来相互协调，降低事故后果的严重程度。化工园区应设置应急指挥中心，以有效协调各单位以及传递信息。

由于化工园区及化工企业的快速发展，化工企业的特殊性也决定了生产安全事故发生的频率。一旦发生事故，肯定会带来巨大的损失。由于受人、设备、管理措施和自然环境等各种因素的影响，事故和灾害的可能性同时存在。因此，应急救援工作成为减少事故后果和人员伤亡的关键，因此把握好应急救援工作是关键环节。《中华人民共和国安全生产法》第八十一条规定：生产经营单位应当制订本单位生产安全事故应急救援预案，与所在地县级以上地方人民政府组织制订的生产安全事故应急救援预案相衔接，并定期组织演练。还可以针对各类生产安全事故制订不同的应急预案，包括整体应急预案、专项应急预案、现场各种处置预案等，并定期开展演练。也可编制关键岗位急救卡。紧急控制卡压缩版本或简化企业现场处置方案，主要针对不同的职位或不同的设备，对可能发生的事故，明确现场紧急处置程序和措施，它集中在一张卡片中，通过日常教育培训和演习，让员工熟悉事故或危险情况的正确处理方法。一旦发生事故，我们可以做出第一反应。应急处理是事故控制的第一扇门。大量事实证明，在许多重大事故发生的初期，如果一线人员及时妥善处理，就会在"萌芽状态"直接将其摧毁，"小事故"不会导致"大事故"。因此，急救卡起到了预防的作用。万一在生产过程中发生了安全事故，当班员工必须迅速上报相关负责人，相关负责人收到员工报警信息后，应立即采取有效的应急措施，争分夺秒地组织抢救工作，防止事故进一步扩大，减少人员伤亡和损失，并立即向政府各部门报告，加强救援力量。

4. 安全生产管理

做好安全监督管理工作，是保障安全生产、作业的前提。安全生产综合管理体系的完善尤为重要。在化工园区落园之前就要明确建立企业准入制度和退出制度，选择性地接收一些符合标准、可持续发展的企业。化工园区内的安全管理机构应充分了解化工园区和化工企业相关应急救援信息，检查各单位是否落实安全管理制度，督促安全演练、安全培训等工作展开，以实现园区统一指挥、高效作战。同时，各管理部门还需要配备一定比例的专业人才，建立安全监管信息平台。安全生产管理主要考察安全管理人员配备情况、安全管理制度、安全培训、安全信息化建设四个指标。

①安全管理人员配备情况。在化工园区安全生产管理过程中，安全管理人员起到了重要作用，安全管理人员在处理企业日常安全生产涉及的安全技术问题的同时，也要协调各级人员工作，提高化工园区整体安全生产管理能力。安全管理

人员数量要满足化工园区安全管理需求，且管理人员应具备安全生产、环境保护、应急救援等方面的专业能力，化工园区应成立安全生产领导小组。

②安全管理制度。化工园区应制定责任明确的安全管理制度，完善化工园区风险分级管控和隐患排查制度，使化工园区每位工作人员都能够明确执行园区管理制度，减少化工园区事故发生的可能性。

③安全培训。化工园区内各企业安全管理负责人应具备足够资格，定期培训后可以上岗。对企业员工进行"三级"教育。对操作人员进行安全教育与安全生产培训，并设定考核方案，严格执行不合格人员不许上岗的要求。特种作业人员要取得特种作业资格证才可以上岗。在进行安全培训的同时也要注重培养企业安全文化，促进安全生产工作。

④安全信息化建设。通过建立智慧监控平台，实现对化工园区内化工企业生产信息、危废品运输信息、污染源信息等的实时动态监管。

5. 生态安全

人类要想生存、可持续发展，维护生态安全是必要的前提，它决定着区域内的整体发展走向。生态安全包括自然资源、环境、人文、经济等，要想充分利用这些资源，就要时刻确立并评估区域内生态安全的状况。基于此，引入生态安全指标，才能更全面地对化工园区整体风险安全进行评估。因此，把自然资源、社会资源、清洁生产能力和政策响应力度作为影响生态安全的指标。

（四）化工园区风险控制及多米诺事故预防措施

评价的目的是对现有的风险进行控制、对事故进行预防，做到未雨绸缪。重点对化工园区多米诺效应的预防方法进行研究，为化工园区安全管理提供新的思路，并对化工园区内的危险源进行分级以方便日常管理。对化工园区的评价，重要的是指标权重的准确性。指标权重确定法包括两种形式：一是主观赋值法；二是客观赋值法。在对指标进行相对重要度判定时，在一定程度上会受到评判者自身经验的影响。要提升化工园区的安全等级，首先可以根据影响化工园区安全运行的所有指标中所占权重较大、得分较低的指标有针对性地提出相应措施。首先考虑对得分较低的指标进行改善。例如，在企业安全生产层面，物料指标得分较低，但其安全性是由自身属性所决定的，不易改善。而工艺过程、设备等指标，可以通过选用科学的手段和方法来改善，比较容易控制。其次，可以考虑指标体系中权重较大的指标，如企业安全生产，该指标在体系中所占权重相对较高，因此要做好化工园区的安全生产工作，有效降低事故发生率。

三、化工园区整体风险安全评价方法

（一）层次分析法

所谓层次分析法就是把具有多个目标的复杂的决策问题当作一个系统，把它分解成多个目标或者准则，然后再将它分解为多个指标（或者准则限制）的不同层次，应用定性指标模糊量化办法计算出层次单排序（权数）与总排序，进而形成多目标（多指标）、多方法改进决策的（权数）系统办法。该方法依据总体目标、各个层次子目标、评定标准、详细备投计划的顺序把决策问题分解成不同层次结构，进而利用求解判断矩阵的特征向量的办法，求出各个层次的每个元素对上一层次某个元素的权重优先级，之后再使用加权的方法递归地对总体目标的每个备选方案的最终权重求和，最终权重值最大的就是最优计划。层次分析法更适用于拥有层次化且相互交织的评价指标的目标系统，且难以定量描述目标值的决策问题。具体而言，要依据问题的特性和实现的总体目标，把问题划分为不同的组成因素，并根据各因素之间的相互关联作用和隶属关系把各类因素按照不同的层次聚合组合，形成一个多层次的分析结构模型，最后把问题归结到确定最低层次（可供决策的方法、举措等）相对于最高层次（总体目标）的相对重要权重值的确定或者相对优劣顺序的排列上。一是构建判断矩阵。给指标赋予权重大小的第一步是构建判断矩阵。该矩阵可以给指标排序奠定基础，在特定指标的属性不好量化的时候效果特别显著，它能够在指标间使用成对比较的方式来解决这种问题，二是计算权重。三是对判断矩阵的一致性检验，检验矩阵是否具备偏离一致性。

（二）保护层分析法

保护层分析法是在定性风险分析的前提下，根据评估对象风险现状进行保护层可靠性评价的半定量方法。保护层分析法主要用来衡量现有保护措施能否保证企业风险满足企业的风险标准要求，通过对企业保护措施的有效性进行量化分析求得危险失效概率，根据安全防护措施失效率与未减轻事件发生频率的乘积来确定保护措施消除或降低风险的能力。保护层的内核受外层保护层的保护，可以免受或减轻外部伤害。

独立保护层是指现有的安全措施，如机械保护、安全仪表、应急响应等，其作用是避免事故发生或减少事故发生的后果严重程度。但并不是所有的安全措施都能满足有效性、独立性，只有独立保护层才能按照设计功能发挥作用，防止事故发生。工艺设计的核心部分是本质安全思想，该保护层一共由七部分构成。根据保护层原理，在这七部分中，基本过程控制系统、关键报警和人员响应、安全仪表功能、机械保护、结构保护都是独立保护层，而工厂应急响应，周围社区应急响应通常与其他部分保持串联。

①工艺设计本质安全。工艺设计在保护层中最为重要。通过本质安全设计的方法从本质上降低生产过程中面临的风险。

②基础过程控制系统。采用基本工艺过程自动控制系统，实现工艺生产设备能够保持正常操作流程范围内的自动化模式，降低操作人员误操作带来的风险。保证控制系统因人员误操作、设备故障等导致操作设备参数偏离预定标准时能够及时报警。

③关键报警和人员响应。主要针对生产操作过程中的关键工艺参数来进行监控报警，当出现关键参数出现较大偏差，超过可允许的范围且自动控制系统无法自动纠正时，报警系统能够及时报警。

④安全仪表控制系统。该保护层通过安全仪表系统来实现安全连锁，即当某个操作条件偏离正常范围并超过安全连锁的设定值时，安全仪表系统能够自动切断进料，停止设备运行，防止危险扩大。安全仪表功能一般在安全仪表系统或紧急停车系统中实现。

⑤机械保护。采用机械装置来降低危害，当前三层保护层失败后，通过机械装置，如安全阀、爆破片等，直接将物料泄放至火炬等安全处。

⑥结构保护。该保护层是物料泄放后的进一步保护措施。它采用火炬系统、围堰、防爆等物理设施来将危害限制在一定范围内，减少对装置外部的影响。

⑦应急响应。当前几层保护层都失效后，启动装置甚至周边区域的紧急响应机制，通知人员撤离，以最大限度减小对人员的伤害。

（三）模糊综合评价法

要对指标的重要程度进行一致衡量的时候，假如一个指标集里的元素太多，则会很难区分各组指标之间的顺序（因为每个指标的权重太小了），会导致评价结果没有什么太大的意义。因此，在处理期间，可按照不同属性对集合里的指标进行层次分类。为便于数据处理，将每一层的指标数量控制在五个范围内。评估时，从最低级别的指标开始，逐步向高级别上升，直到上升至最高级别的指标，最后得到整体评估结果。由于评价中包含了模糊因素，所以采用了模糊变换，故而此评价也被称为模糊综合评价。模糊综合评价有两个主要部分：一是只评价某个因素；二是对全部因素的综合评估。首先要确定影响总体目标评估的所有因素的集合，其次要把评估者对评估对象的全部评估结果整理汇总到一个评语集合众，再次进行单因素模糊评估，最后建立综合评估模型，获得项目风险因素的模糊综合评价。

除上述方法外，还有事故树分析法、贝叶斯网络评价法和灰色关联评价法等。事故树分析法的分析对象一般为风险因素具有一定交叉性的系统，以系统发生事故或故障为分析对象，有层次地分解事故发生原因，直至确定出事故或故障发生的根本原因。针对系统危险性影响因素的识别能力强，可以定性或定量评价系统中事故之间的因果关系，对于系统的危险性管理具有很强的实用性。缺点在于面对危险性影响因素种类繁多的庞大系统，由于复杂的计算过程，在面对某一工艺过程或系统中某一评价单元时存在局限性。贝叶斯网络评价法利用故障树通过图形的形式描述事故因果关系，贝叶斯在面对复杂事故时，能够形象地描述事故发生原因之间的联系，在对复杂系统危险性评价中具有一定优势。贝叶斯网络评价法能够找出系统单一元素对系统可靠性的影响程度。将传统的故障树分析法与贝叶斯网络评价法结合，能够准确且简便地进行危险性评价。灰色关联评价法取灰色来表示介于清楚与不清楚事物之间。关联度是指两个系统之间的因素随时间或对象变化的关联性大小，灰色关联度是指因素之间发展趋势的相似或相异程度，是灰色关联评价法的核心内容之一。灰色关联评价法就是将灰色关联度作为衡量因素之间关联程度的方法，其在系统危险性评价工作中已经得到了广泛应用。

参考文献

［1］ 贾素云．化工环境科学与安全技术［M］．北京：国防工业出版社，2009.

［2］ 王德堂，孙玉叶．化工安全生产技术［M］．天津：天津大学出版社，2009.

［3］ 臧利敏，杨超．材料及化工生产安全与环保［M］．成都：电子科技大学出版社，2019.

［4］ 段聪仁．新时期背景下化工生产及安全管理措施分析［J］．冶金与材料，2020，40（6）：171-172.

［5］ 秦秋，李顺博，秦伟．化工生产技术管理措施与化工安全的相关性［J］．化工设计通讯，2020，46（9）：134-135.

［6］ 方孝斌．化工生产中存在的问题及对策［J］．化工设计通讯，2020，46（9）：123.

［7］ 皇甫民豪．浅谈化工生产企业安全管理［J］．山东化工，2020，49（16）：130-131.

［8］ 宋莹．新环境下化工安全生产与管理策略思考［J］．化工管理，2020（13）：123-124.

［9］ 高万良．化工安全生产中存在的问题及对策研究［J］．化工管理，2020（21）：64-65.

［10］ 张学辉．新时期背景下化工生产及安全管理措施探讨［J］．化工管理，2020（4）：91-92.

［11］ 韩松平．解析化工安全生产管理问题和要点［J］．化工管理，2020（4）：83.

［12］ 徐智勇．简析化工安全生产与环境保护管理措施［J］．大众标准化，2021（24）：49-51.

［13］ 耿聪．化工生产技术管理与化工安全生产的关联性探究［J］．化工管理，2021（35）：98-99.

［14］王焕庆.化工生产工艺中的安全管理问题及对策［J］.化工管理，2021
（35）：165-166.

［15］何玉龙.现代化工生产中的安全及质量控制［J］.化工设计通讯，2021，
47（11）：129-130.

［16］方兴.新环境下化工安全生产管理及事故应急策略分析［J］.云南化工，
2021，48（11）：165-167.

［17］贾文.化工生产技术管理与化工安全生产的关系分析［J］.化工设计通讯，
2021，47（10）：132-133.

［18］陈晓花.关于化工生产的安全管理与评价的研究［J］.中国石油和化工标
准与质量，2021，41（18）：1-2.

［19］郇小春，张振亮，王恩祥，等.化工设计与安全评价对化工安全生产的影
响探讨［J］.化学工程与装备，2021（9）：241-242.

［20］蔡立群.新环境下化工安全生产及管理对策［J］.化工管理，2021（25）：
97-98.

［21］刘欣欣，钟柳，任清刚.化工生产技术管理与化工安全生产的关系研究
［J］.广州化工，2021，49（13）：229-230.

［22］崔铭秀，张翔宇.化工设计与安全评价对化工安全生产的影响［J］.化工
设计通讯，2021，47（6）：123-124.

［23］刘源源.化工生产中职业病危害因素控制［J］.云南化工，2021，48（5）：
158-159.

［24］龚江安.化工生产的安全管理与评价［J］.化工管理，2021（6）：114-
115.